[日] 藤森照信 著
高寒 译

建筑侦探的冒险（东京篇）

江苏凤凰科学技术出版社

目 录

第一章　建筑侦探的正确做法
——今和次郎的盛宴餐具

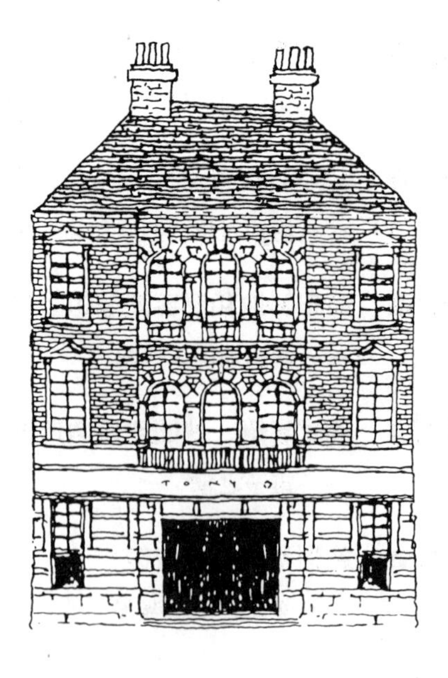

话从隐形眼镜说起。建筑物要比人高大，藏匿于围栏之内，银行和公司建筑的精华部分往往位于高层的“上半身”。我们常常被商业街两旁建筑披着现代装饰的“下半身”所蒙蔽，从而忽略了“上半身”——二战前诡异而有趣的表现主义装饰。

让我们去寻找二战前的西式建筑吧！我们是“建筑侦探团”。眼向上看，常有灰尘入眼。灰尘落到隐形眼镜上会让人流泪，所以作为“侦探”出动的日子还是要戴眼镜。

至于建筑侦探的装扮，就依照侦探社的服装规定，“贯彻低调原则”好了。胡子最好刮干净。这是因为有时会为达到目的，而在未经同意的情况下悄悄潜入。

曾有过这样的事情。某座大宅子——涡形烟囱和半木结构[1]的山墙让人预感到远在围栏那边的可能是正宗的都铎式建筑。出于好奇，我们便从围栏缺口处闯了进去，悄悄地接近东侧玄关，用尼康 F2 相机拍下半木门廊，刚向南边的庭院走了几步，房屋的管家就从玄关走出来了。在玄关和我们两个闯入者之间正好有一株修剪成半球状的金桂，以它为中心轴，管家和我们开始了缓慢的顺时针圆周运动。

让我们感到不妙的是，在绕了半周的地方有贴着槽纹面砖的翼墙凸出来，圆周运动就此停止，我们被发现了。

“喂！干什么！”

“啊，房子太美了，所以……”

“敌人”对着我们的地图和相机以及我们的穿着端详了一会儿说：“快点，出去！”

有那么一瞬间，我想着应该找到正门从那出去，但是作为一个闯入者，“出口在哪儿”这样的傻话也实在问不出口，只好再次扒开进来时的围栏缺口，那时强烈地感受到背后来自管家好奇的眼神。

---

1 半木结构：木和砖石各一半的建筑结构。

这时，在“贯彻低调原则”的基础上，带有些许西式建筑狂热爱好者风格的装扮也许更有效果。比如说把植草甚一[1]打扮成教育委员就不错。

在这里，为了后来人，想讲一讲正确的进门方法。

像“圆周运动”的失败和藤山雷太旧居的失手这样“不许侦探入门”的情况，与其寻找围栏缺口，更需要掉头回去等待时机的魄力。通常大宅子和俱乐部这样的建筑正门都是大敞四开，仿佛在欢迎我们一样。于是，会让人产生形势大好的错觉，想象宅邸内的老妇人正坐在藤椅上等待着给我们讲述关于建造房屋的故事的情景。于是便自信满满地向正门门廊走了过去，随后麻利地拍了照。

这时，就像在等着我们一样，佣人代替老妇人出现了，“请问有什么事吗？有预约吗？”

“这房子真气派，可不可以让我们参观一下？”

如果是大宅子或俱乐部之类的私人领地，到这里就可以回去了。但如果是大学、学院、研究所这样“闲人免进”的地方又该怎样呢？以最难进入的教会女子大学为例，虽然觉得谢绝来访与耶稣“去者不追，来者不拒”的教导相悖，不过这个暂且不提。除了像白金[2]的圣心女子学院那样会告诉你“若想参观建筑请进入后向秘书处征得同意”外，通常能否进去完全取决于我们的演技。

只要看到大门，就算还很远，戏幕也已拉开。有的门卫爱岗敬业到连马路尽头都细心观察，因此不能掉以轻心。把相机装进包里，平心静气地朝门走去。在门边不能东张西望看导向板。门近在眼前时最为关键，要像每天都看到门卫早就腻了那样无视地干脆地经过。经过

1 植草甚一：1908—1979年，欧美文学、爵士乐、电影评论家，被称为“J J氏”。为人率性，穿着讲究而时髦。

2 白金：地名，位于日本东京市港区。

之后，实在觉得门卫的视线像纳豆丝一样黏在背后而很难忍住不回头，但此时门卫也同样犹豫着要不要从窗户探出头继续观察，因此一旦回头便前功尽弃。一鼓作气一直走到转弯处，然后稍事休息，接下来便可以开始从容地探索了。

若有同行者，像从咖啡馆回来似的用手势繁忙地交谈会很有效果。这时候，如果能同门卫微笑着打个招呼，那你可算是演员了。

建筑侦探即便绞尽脑汁，今天也要穿过女子大学的校门。

接下来准备工具。先从相机开始。我所在的侦探团备有尼康 F 和 F2 两台机身以及可换镜头微距 55 毫米，标准 55 毫米，广角 35 毫米，透视矫正（PC 镜头）35 毫米，望远 135 毫米、180 毫米六种，但我要告诉你们的是这些都不需要。好的照片应该是用和摄影技术相匹配的相机拍出来的。众所周知，尼康的 F 系列是世界顶级的小型相机。

但是，以我们侦探的技术真的可以这么说吗？尼康 F 黑色机身比口径 15 毫米的勃朗宁手枪还具重量感，和扳机一样重的快门，咔嚓一声随反光板一转瞬间消失的视野，尽管我认为这才是相机，却对从未被人夸赞过照片感到很不安。然而有一天，我在旅行目的地神户想去观赏公演的《凡尔赛玫瑰》，却因包场而没看上，在回住所的路上，我决定作为补偿去看一看神户女子学院，于是从熟人那里借来了小型相机柯尼卡 C35EF。机身由塑料制成，十分轻巧，镜头像玻璃珠一样小。快门轻得让人有点不安。既无光圈也无曝光，有的只是取景器中画着山、人和人脸的画，据说只要将焦点对准其中一样就可以了。我一边嘀咕着“这样一来用相机的人不是显得很傻”，一边拍下了建筑师威廉·梅里尔·沃利斯[1]的名作。几天之后，洗出的照片却十分出色。相机要和技术相配才是最重要的。

---

1 威廉·梅里尔·沃利斯（William Merrell Vories）：1880—1964 年，美国建筑师，在日本设计建造多座西式建筑。

接下来是地图。最好有比例为五千分之一和千分之一两种。五千分之一的是普通的街区地图，用于确定行走路线，千分之一的是有一栋栋房屋的轮廓和建筑物名称的住宅地图，它的用处是用红色圆珠笔标出搜寻的建筑物。这些地图在大部分城市的书店都能买到。靠它们就基本可以掌握中等以上的宅邸的信息。

除了准备这些工具，同伴也是不可缺少的。为治愈建筑侦探漫游在大街小巷中探寻名作的孤独感，使采录西式建筑的活动坚持两三年，同伴的作用是非常大的。在发现树丛后面像珠宝一样的住宅的时候，总希望有一个可以说话的对象。或者遇到由来不明的建筑，也想和同伴一起从其风格样式推定年代和设计者，日后再查找资料检验谁对谁错。

我们于 1974 年成立侦探团，开始考察东京的西式建筑，假日也坚持行走探索，这都是靠着发起人堀勇良的耐力和我的爆发力互相配合才获得的结果（图 1-1）。

偶尔假日在家，电话铃响，“有空吗？”

听声音就知道是谁。昨天星期六的傍晚不是跑了神田一带后刚分别吗？

“去哪溜溜吧。”

看，这就来了。去哪，这种听起来在征求我意见的方式，其实他已经有自己的主意了。我是有妻子和女儿的，星期天偶尔也想和孩子在一起。

“前一阵在二手书店买的建材生产商的商品目录里，不是有个叫圣迹纪念馆的奇怪的椭圆形建筑的案例吗？虽然不清楚地址，但是想了想觉得和京王线的圣迹樱之丘车站可能有些关系。要不要去找一找？”

这话直戳我的要害。于是我也想去找。女儿，原谅我！

在持续数月的初期建筑侦探中毒症状平复后，不再懒怠出门，腿脚也变得轻快，享受观赏各式建筑的乐趣。

在这个过程中，志趣相投的伙伴也逐渐多了起来。宍户实毕业于加利福尼亚大学，不知为何每次相遇都开着不同的进口车；在大阪长大的清水庆一，借他的奔驰去箱根调查的途中将车弄坏了；河东义之在调查目的地的旅馆把招牌女服务生拐走了；埼玉的木材店继承人高桥喜重郎君；在甲府[1]长大却有着像在波利尼西亚长大的肤色的植松光宏。像这样的西式建筑迷逐渐聚集起来。

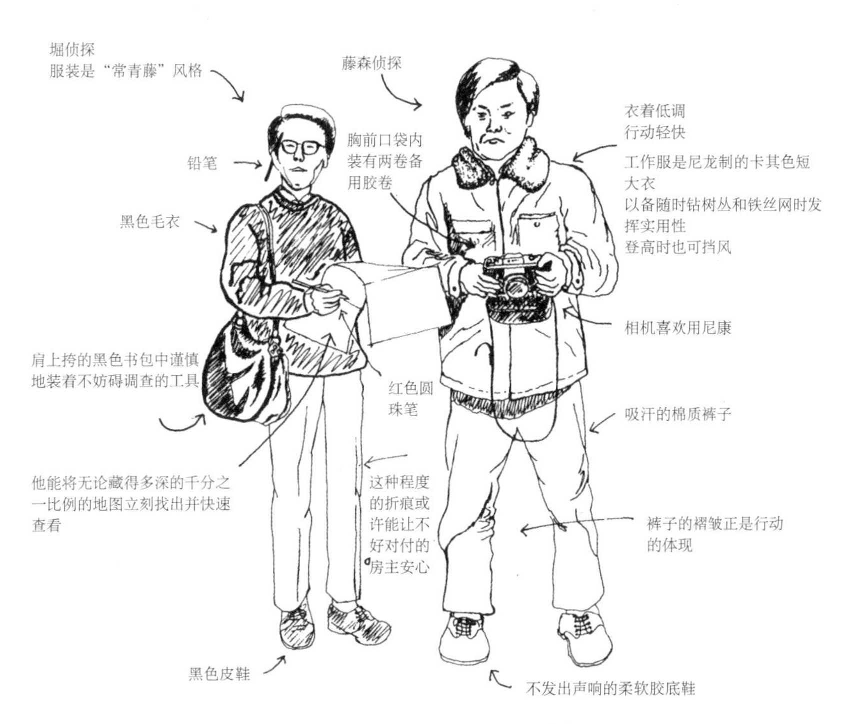

图 1-1 12 年前的侦探二人组（田村祐介画）

尽管学校已经迎来了休闲的时代，27 岁和 24 岁的二人却迈着沉重的脚步漫步在城市中观察古老的建筑。

---

1 甲府：地名，位于日本山梨县 。

有了伙伴的建筑侦探，肩扛相机、手拿地图，该往何处去呢？先把每天上下班路上注意到的西式建筑看一遍也不错。可以说是“沿线建筑史”。

以东京港区的白金住宅区为例，看看东京建筑侦探团一天的成果吧。

那天，我们是从德国分离派[1]风格的北里大学（1915 年）开始搜索的。向东到西光寺的转角处往南爬完坡路，首先被服部邸（1933 年）正宗的大型西式建筑所震撼，接着欣赏了野村邸（1928 年）有老虎窗凸出的大屋顶，我们觉得只从地面上观赏仍不尽兴，便像往常那样和管家老大爷打过招呼后爬上白金公寓的屋顶拍下了两座房子同框的照片。

我们一边庆祝着发现了东京最好的住宅景观一边向南走，提心吊胆地进入圣心女子学院里，简・勒泽尔[2]设计的拱门的每一片板中都能体会到 1910 年德国分离派建筑所蕴含的对神的感恩之情，接着往里走，欣赏了捷克建筑师雷蒙德的赖特风格的小学（1925 年），感叹着“呜呼！圣心”意犹未尽地往回走。想着勒泽尔以外的建筑都和预先调查的结果一致，便朝国立白金自然教育园的方向走去。

沿车道走着走着忽然拐进背巷，望见在巷子的尽头有一座半木结构的房子。我被吸了过去，那是一座小而精巧的上乘建筑。半木结构建筑在郊外住宅区虽少但偶有存在，通常都是和布景一样鲜有存在感。有英文标识的斯里兰卡大使馆，斧头抛光的痕迹粗糙，木材错综排列，窗框是叶状线脚，山墙板和凸窗的木材刻有纹饰，木材之间由细小的砖块填充，再加上玄关周围砌筑的石材，罕见地没有违背半木这个词的意思（图 1-2）。登上附近大楼的楼梯，窥视彩色玻璃装点的会客室模样的房间，清楚地看见了花饰窗格的幕墙和洛可可风格的主卧（图 1-3、图 1-4）。

---

1 德国分离派：1897 年维也纳学派中的部分成员成立的建筑派系。主张造型简洁和集中装饰，装饰主要采用直线和大片光墙面以及简单的立方体。

2 简・勒泽尔（Jan Letzel）：1880—1925 年，捷克斯洛伐克建筑师。他设计的广岛县产业奖励馆在二次大战中遭受原子弹袭击后留存下来，为铭记历史，联合国教科文组织在 1996 年将其列入世界文化遗产名录。

图 1-2　斯里兰卡大使馆全景

门前平铺铁平石，景色宜人。都铎式是昭和初期最受欢迎的西式建筑的样式。门扇上部扁平的拱形被称为“都铎拱”，是都铎样式建筑的标志。

图 1-3　渡边邸的会客室

房间的角角落落一丝不苟地都采用了都铎风格的设计。然而负责施工的木匠却没能理解设计者所说的“粗粗、潦草地削刨”，做工如日本的茶室般精细，都铎原来粗野的感觉也大打折扣。

图 1-4 洛可可风格的主卧

整体为都铎式，但房间里掺杂了一部分其他样式以示不同。女性房间，如化妆间和卧室常采用洛可可风格。

大门周围铁平石的用料十分巧妙。建筑侦探最好精通某一种材料，而我精通的就是铁平石。这种石材是只产于信州诹访深秋的福泽山的板状石纹辉石安山岩，以前叫作平石，用于葺诹访地区本栋造[1]民居平缓倾斜的屋顶，有时也用作铺路石，有时将边缘磨圆作为酱菜的盖子，超过三寸的厚石作为压酱菜用的镇石，碎片则切得圆圆的被小孩用来玩“跳房子”，还有时在山野中用于田边的捕田鼠洞。

然而，随着中央线的开通，这种石材被改名为铁平石并运到东京，开始未被合理使用。我们的铁平石易脱油而脆弱，并且本是粗糙而天然的石材，这样的东西既不能像大理石一样被用作以平面示人的护面石，也被公认为要谨慎单独使用。一定要露出断面叠砌，并最好和其他密实的石材一同使用。斯里兰卡大使馆邸的铁平石是有生命的，让人十分欣喜。

1 本栋造：分布于日本长野县中信和南信地区的民居形式。主要特征是正方形布局，屋顶坡度较缓，入口位于山墙面，脊饰形似飞鸟。

上述文字是在开始侦探事业第二三年时以《建筑侦探学入门》为题为某玻璃公司的宣传手册写的。过了一段时间之后接到了两通电话。一通来自堺市的柴田正己先生，此人的经历有些奇怪，数十年来一直在旅行途径各处向看到的西式建筑的房主递上保存申请书，说来也算是京都大阪一带建筑侦探的先驱者了。

“我照着您侦探学入门的方法去做时遇到了一点困难，因此打来电话。是关于狗的问题……”

“啊……狗吗？”

“狗在门那里的情况该怎么应对呢？”

“啊……以前倒是听说过小偷为了驯服看门狗会每天喂它沾有自己唾液的饼干吃，以此使它习惯自己的气味……”

“那您这么干过吗？”

“那倒还没有……”

我想饼干应该不会管用，那么到底该怎么办呢？

世田谷的偏远处有一座叫静嘉堂文库的建于大正时期的小图书馆，直觉告诉我这一定是个好建筑，因此我和堀在一个秋日出动了。换乘公交车，沿着田间小路，到达时已近天黑。

整座小山丘似乎都是它的用地，为寻找入口我们绕了一圈后站到大门前，门牌上写着“岩崎”。

“我说，还是岩崎家所有呢。”

“嗯……”

岩崎是指创立三菱集团的岩崎家族，静嘉堂文库则是作为他们的宝库被建造的。据说里面堆满了汉文典籍和艺术品这些国宝。

按完门铃，一个貌似佣人的人出现了，并在听到我们的请求后毫无意外地拒绝了。虽然如果对这样的要求一一答应的话也不符合他们的身份，这种反应也是理所应当，但如果我们就这样从夕阳下的堤坝上撤退，也就失掉了作为侦探的尊严。

方才在山丘上的绕远并非徒劳。东坡是由小溪和周围的田野隔开的，所以只有这里没有设置围栏。沿田埂走着，蹚过小溪，爬上斜坡后应该就能进入了。如此估摸着依计行事，我们成功了。山丘的中央有一片广阔的草地，砖墙稍带乳色的静嘉堂文库就伫立在那里。它的山墙尖利，屋檐上烟囱高高凸起。不出所料，这是一座英国乡村风住宅。让人不禁想到房主岩崎小弥太曾就读于剑桥大学。

就这么追忆了许久，颈后忽然感到一阵杀气便转过头，刚才的佣人出现在草地那端。手拿粗绳，绳子的那头是一条大狗。我喜欢建筑，但讨厌狗。我们同时注意到了对方。

要么逃跑，要么道歉。就算道歉，因为已经被拒绝过一次，所以不能一句“一不小心就进来了，呵呵”就算了。不能了事的方法不用。

还是逃跑吧，但是对于在东京长大的小个子搭档有点困难。本人是在信州乡下的山野里历练过的，但把同伴丢下喂狗而自己逃跑可不行。但他声称自己是关町雄狮俱乐部的跑游击手位置的正式选手。在这关键的一刻记忆中无关紧要的细节偏偏苏醒困扰着我，但“游击手”一词干脆的发音却一扫踌躇。与此同时狗也脱缰而出。

快跑！于是我们跑了起来。来时的斜坡这会像是断崖一样，滑落似的奔跑而下，淌过冰凉的溪水，在收割完稻子的田地里奔跑，在夕阳下的田间奔跑。横穿田埂狂奔，仿佛在信州高部村的田间奔跑一样。

这是哪里？东京！在干什么？在田地里逃跑！跑着跑着，我俩察觉到了所做事情的荒唐，停了下来，在暮色之中捧腹大笑。最后，我们感觉相当良好地坐上了回家的公交车。

电话中的一通是关于狗的。另一通则来自陌生人。

“我是高轮的远藤。”

“哦……”

“您是写过一篇叫‘建筑侦探学入门’的文章吧。那里面提到了白金的斯里兰卡大使馆，它其实是我年轻时的作品。”

“啊？不好意思，敢问您的尊姓大名。”

“高轮的远藤健三。现在我从事建筑行业。请来我这里聊聊吧。”

我并没听说过叫这个名字的建筑师。于是查找旧名簿，在早稻田的建筑学科的资料里写着 1917 年远藤健三。虽说现在从事建筑业，但叫远藤建设的公司问谁也说没听过。我想肯定是哪个城镇的工程事务所已经退休的老头，对于是否要去我犹豫再三，不过机会难得，最终还是在一个空闲的午后和堀勇良前往拜访。

按照被告知的地址寻去，那是一个数寄屋式的宅邸而非工程事务所。随后得知这是新宫殿的设计者吉村顺三的作品。惶恐不已地寻找引路人之时，一位满面红光一脸福相的老人伴着桐木木屐踩石板的叮叮咣咣声出现了，“我就是远藤。欢迎光临，快请进来。”

这一趟来对了。

白金台神秘的西式建筑的由来，随着日本土木有限公司的创立者远藤健三先生的回忆清晰了起来。

斯里兰卡大使馆，最初是渡边氏的家宅。渡边家族是岐阜县的大地主，除经营土地外还开设银行，在美浓市颇有名望。宅邸最初则是为渡边家的长子甚吉氏在东京度过新婚生活而建。

甚吉大学毕业后遵从当时富人家的长子游学欧洲的惯例，同时他还打算在回国后建造新房，便邀请了乡下的旧识远藤同行。那时远藤在岐阜经营一家小工程事务所，也有一定的积蓄，就决定随行。

1930 年，他们从神户出发，经过中国大连和哈尔滨，由西伯利亚铁路进入欧洲。初来乍到，没有熟人也没有计划，有的只是丰厚的资金和大把的空闲时间，于是他们索性周游欧洲。大家都去的地方没有意思，那么去土耳其吧，南斯拉夫也行，在那之后就乘坐向北航行的轮船去北极眺望冰山吧。岐阜青年的欧洲见闻录光是这些就已经非常有意思了，但在这里还是讲一个让人感受英国贵族奢华生活的故事吧。

那是在伦敦发生的事情。他们通过旧相识的名流介绍，得到了在英国贵族专用的俱乐部进餐的机会。他们惊讶于俱乐部豪华的内部装修，也知晓了来客众多却四下无声的贵族礼仪的严格，正觉无地自容之时，侍者循例而来。料理要这些，红酒要什么品种，几几年酿造的，目前为止的点单倒也毫不含糊。

但问题是红茶。什么川宁、立顿的也还知道，但对方竟然问到“您要什么时候的砂糖”。正为这个问题发愁时，看穿一切的侍者领着他们去了地下室。房间里陈列着成排的容器，上面印着古巴几年产，印尼几年产。糖度因产地各异，苦涩度也因年代远近而不同。据侍者说红茶还是有些年头的好。

他们也并不只是奢华度日。在伦敦他们买了雪铁龙，在苏格兰场申请驾照时被问到“是否开过车”，回答“没有”后，于是对方当场教授了引擎、油门和刹车。练着练着可以启动了之后他们便开始纵横英格兰，一路观赏城乡建筑，拜访石造城堡和小木屋。甚吉和远藤先生就此达成了如果建造西式建筑还是都铎式为好的共识。

都铎式是指中世纪英国的建筑和装饰风格，是哥特风格的简化版，也是比起大宅邸更适合小住宅的形式。欧洲住宅很少将发黄的木柱和木梁露在外面，而喜爱原木纹理的日本人却对这样的西式建筑倍感亲切。简言其风格，可称为“西式手工”。如今，松本等地都在制作纯手工西式家具，这些毫无例外都是都铎样式的现代版。

结束在英格兰的游历之后，他们二人便将都铎的记忆装进旅行箱，时隔一年回到了日本。

没有什么比房主和设计者一同踏上建筑之旅对建造新邸更有益的事情了。对建筑外形有了共同的体验，设计也就非常畅通。自然，渡边新邸也是这样。

既然风格已经定好是都铎式，他们就开始寻找日本的都铎式，得知京都下村正太郎的私宅“中道轩”建得很好，便前去造访，并得以拜览可参考的图集。随后他们从伦敦邮购了同样的东西，有了见闻也有了图集，房屋的设计便顺利开展。

只有一点令远藤困惑。建筑就算由自己设计，灯具、门把手、散热器的护栅这些小物件该托谁去做呢。像往常那样购买成品的话总觉得有愧于没有限制花销的房主。最重要的是无论从前还是现在，日本的西式五金成品的质量都非常低劣，在廉价公寓中使用也就算了，实在不好用于正经八本的设计。于是他想到了一位了不起的人物。

我们第一次造访远藤邸时，得以拜览的各式各样的图纸当中，精美的都铎式灯具和五金的草图自成一册（图 1-5 ~ 图 1-9）。根植于中世纪下层民众的都铎风格设计，太过精致便会失去味道，不能缺失朴素感，使设计师苦恼不已，只有保留了朴素感的行家制作才能完美呈现都铎风格。一般人要么业余，要么专业，而草图的主人却以专业手法表现出了业余设计师的质朴。

“这是谁的设计呢？”

“今先生。”

“什么……”

“是请今和次郎先生设计的。烦恼了很久要让谁来做，索性就拜托了在早稻田时的恩师今先生，先生竟也答应了。那就干脆从头做到尾吧，从散热器的护栅到全套的照明灯具、门把手，甚至门铃按钮以及电插座，凡是能想到的东西全都以都铎风格设计了一遍。”

真是无论如何也没想到的名字。今和次郎作为日本民居研究的奠基人扬名于建筑领域，更作为“考现学”的创始人而广为人知。

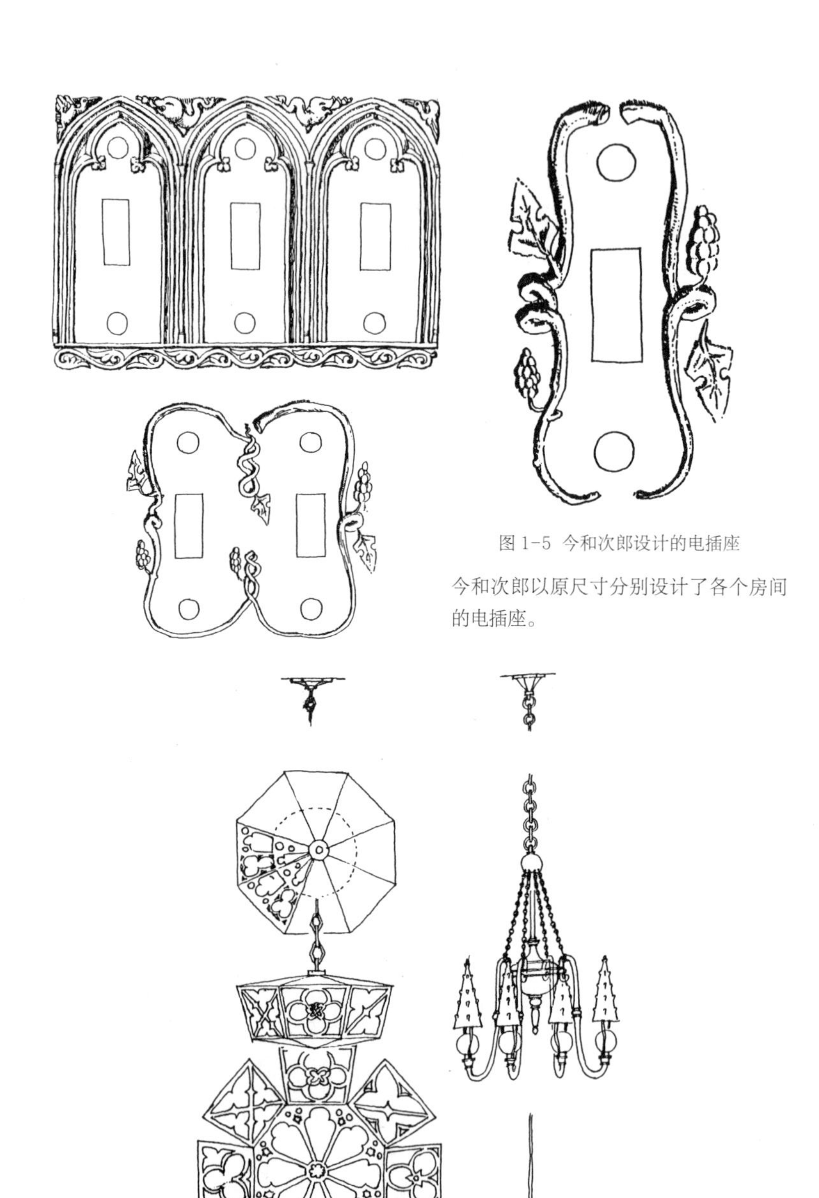

图 1-5 今和次郎设计的电插座

今和次郎以原尺寸分别设计了各个房间的电插座。

图 1-6 今和次郎设计的吊灯

今和次郎曾快速画出这些生动的线条。

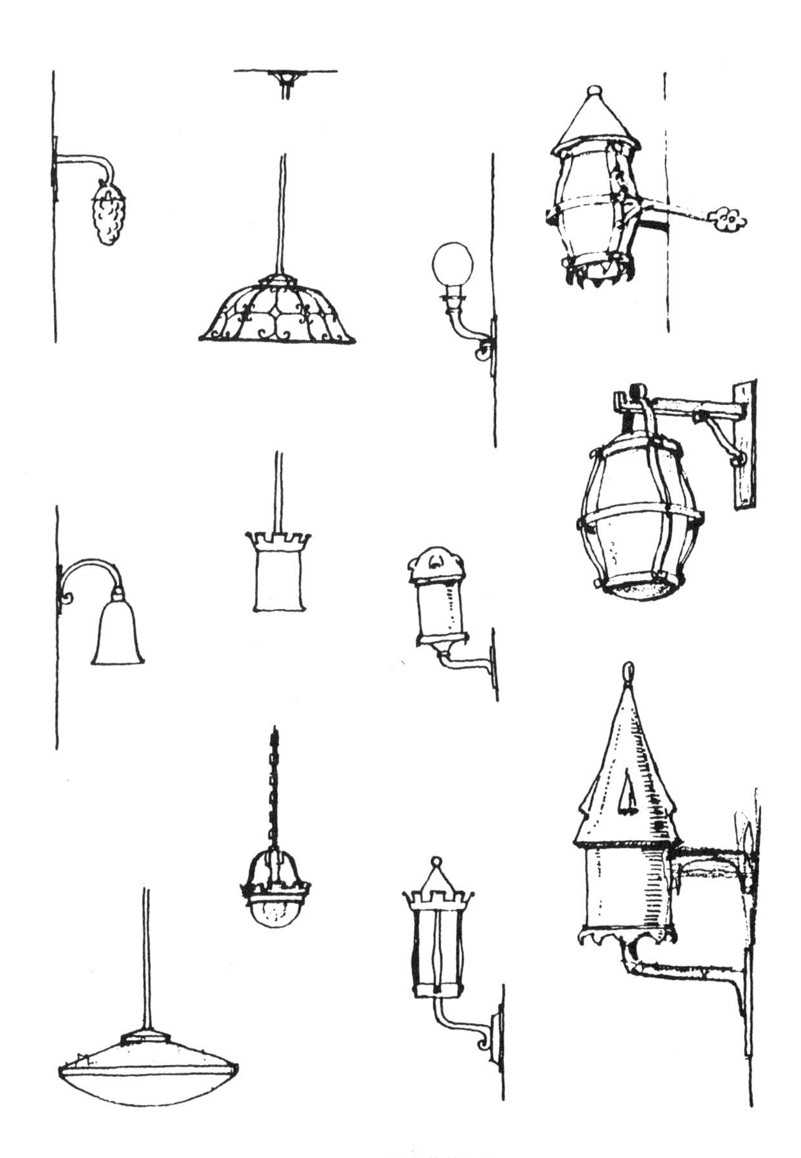

图 1-7　手工制作的灯具

图 1-8 水箱的设计和实物

图案和实物虽稍有不同却都出自今和次郎之手。

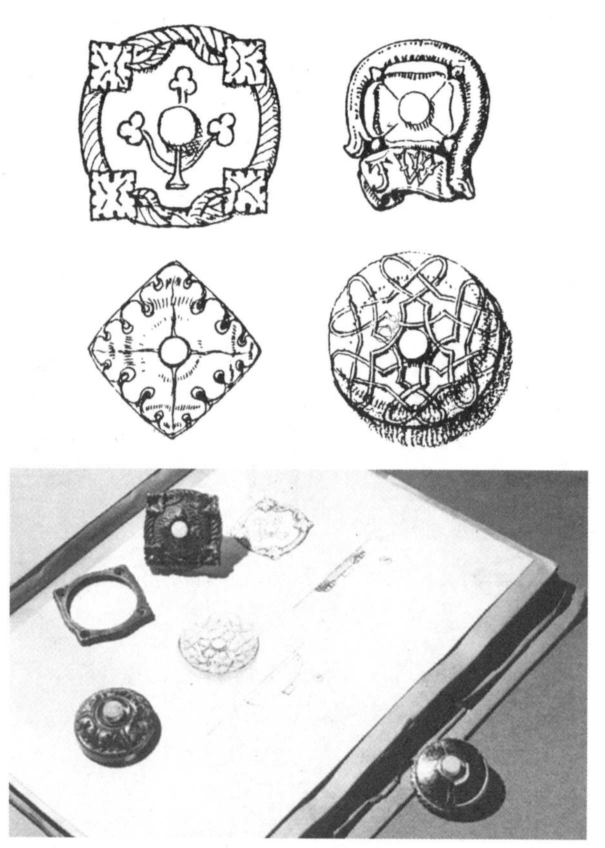

图 1-9 带有名字首字母的门铃，JW 代表渡边甚吉（照片来源：《银花》第 58 期）

今先生在柳川国男的门下钻研民俗学，中途却因其保守的态度被批判而逐出师门，转而进入城市去探究城市的最前线。他手拿速写本漫步于震后重建时期的东京闹市，将路人的发型、服装、戴帽子与否，乃至穿裙子的女性的腿的弯曲程度都细致地记录下来，并加以评说。他将此类作业命名为“考现学”，在纪伊国屋书店展出并于《妇人公论》连载，此后名声大振。可以说他是日本流行研究、服装研究以及风俗研究的第一人。

今先生虽说本行是早稻田的建筑老师，但却从未沾手过住宅以及物品设计。他是以第一的成绩从美术学校的设计系毕业，却没有因新奇的作品而闻名。

我们竟能偶遇如此传奇般的人物不为人所知的设计作品，真不枉做这一遭建筑侦探。以后受到邀请时一定要去啊。

看到我们欣喜不已的样子，远藤先生像是想起什么似的站起来从柜橱中拿出了一个旧点心盒子。

“这餐匙、餐刀也是今先生设计的。”

摆在盒子里的是一整套的餐具。吃鱼刀的刀柄顶端点缀着中世纪的城垛，下方刻有主人名字的首字母 JW，把手处刻有刺草叶的图案，细看还有鲇鱼的小浮雕。不知是否因为是吃鱼刀的缘故，连一把餐刀上都体现着都铎风格（图 1-10）。在盒子中还有朴木餐匙、石膏餐叉以及铅制餐匙（图 1-11）。

“我每天晚上去今先生的研究室都看到他在伏案作业，今先生是用铅笔在用剩的便笺纸片上勾画刀匙的草图。接着拿来厚朴树的小木片比照草图裁切、削刨，餐匙的内侧难度颇大，需要反复作业。把大致的形状做出之后，和图纸一同拿到美浓的刀具店让人做成石膏模型，再用铅试制样品，满意后才开始制作。”

“其实除了刀叉，还请今先生设计了全席盛宴的盘碟。今先生画出中世纪风格纹样的样稿，烧制则交给大仓陶园，颜色是蓝底白纹。但抱歉的是我这里一个也没有。哎，终究还是没有得到那一套啊。在那之后又是战争又是甚吉先生去世，又是把房屋租给斯里兰卡大使馆的，渡边先生的住宅也几经变迁，不知道那套餐具怎么样了，有没有流转到岐阜的家中……”

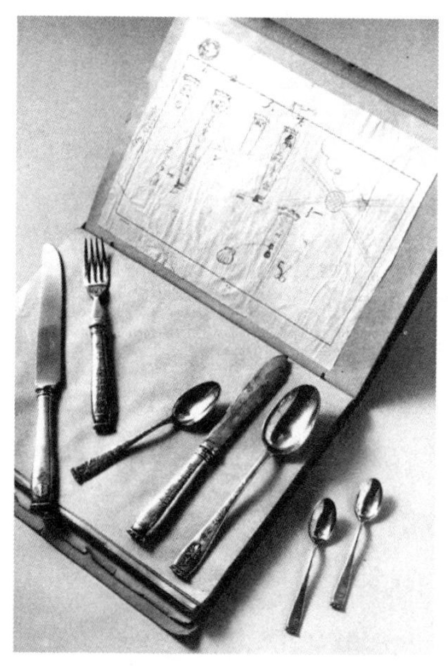

图 1-10 餐具（照片来源：《银花》第 58 期）

按草图、厚朴木模型、石膏模型、铅模型、实物的程序制作。

图 1-11 各种模型（照片来源：《银花》第 58 期）

距听到这番话已有七年了。自那以后虽然与远藤先生相交甚好，但关于今和次郎的餐具却没再提起。是任由时间流逝放弃探询，而非已经忘却。

那之后，与因其他事情结识《银花》的编辑萩原薰，在闲谈中说起这套传奇的西式餐具来，竟得到“找找看吧”的回应。杂志的编辑总是这么风风火火，去找固然是好事，但还不知道东西是否存留至今呢。于是再次向远藤先生提起餐具的事，过了一阵便接到了电话，“据说存放在岐阜的渡边家，并且允许我们去观看”。

这种被允许参观旧居的事情，随时都可能变卦。似乎在日本，相对于住宅的精美，其中的家事往往更复杂，因此还是趁早前往为好。于是和萩原以及摄影师一同赶赴岐阜。

到达车站时，先来的远藤先生已安排好黑色轿车迎接我们。时间还早，我们便先到市内的梅园品尝特产芋头串和豆腐串，填饱肚子后便前往渡边邸，我们在安静的居住区里一座白房子前下了车。

“您好，我是远藤……”话音刚落门就开了，一对温文尔雅的年轻夫妇出来迎接，把我们带进客厅，甚吉的遗孀也在那里等候我们。

不用我们开口，对方就开始说起了白金台的住宅。男女仆四五人就足够料理家事。全家的生活完全是西式，附属的日式住宅则是佣人专用。战败后，政府接收庭院，点景石被涂上了油漆。而如今租给大使馆则保持了从前的样子，灯具自不用说，开关按钮和插座也保存完好。但因为归大使馆使用，外人还是很难进入。

旧闻告一段落，终于到了一睹餐具的时候。说是宴会餐具，按我的预想也就是四五件一套，几套的程度，见识短浅地以为只是自家厨房餐具的豪华版。

年轻的夫人站起来，向放在房间对面约 1.8 米宽的西式家具走去。那是个一进房间就很引人注目的物件，厚实的柚木上缀有锻造的金属装饰，紧闭的柜门上深深地刻有精巧的都铎装饰。孤陋寡闻的我觉得西式餐具只会装在玻璃橱里。年轻夫人一触橱门，一行人全部屏息凝神，仿佛秘藏佛像开龛的景象一般。

据说在欧洲，餐具被视作一家的荣光，果真如此啊。

厚重的橱柜里面搁板数量众多，各式各样的餐具被放置得满满当当。一个、两个、三个、四个，数不胜数。摄影师一阵为难后，想着至少把不同样式的各拍一张，便把它们逐一摆放到从白金台时期保留下来的餐桌上。装鱼的盘子、装肉的盘子、沙拉盘子、茶杯等单人餐具的用途还能知道，接着出来的大容器是做什么的呢？大概是用来盛肉块和鸡的器皿。

银制的刀叉除了在远藤先生家看到的供个人使用的之外，也有专用切鱼和鸡的大家伙。刀和菜刀一般大，叉也让人误以为是园艺用具。形状也不同寻常，刀仿佛是出现在水浒传插图里的青龙刀，叉则好似地狱鬼怪的钢叉。还有一些用途不明的形状各异的餐具。

望着满满当当摆了一桌的器具，我产生了吃饭的人被餐具包围的错觉，竟有些恐惧。面对如此之多的餐具进食，难道不是战斗吗？出席盛宴也要身心强健啊。如果说日本料理是用餐具吃饭，西餐就可以说是用餐具进攻了。

设计也很妙。花卉、柊树、城垛等都铎风格的元素以蓝、紫红、金色描绘在白瓷底上，器皿边缘照例写有 JW 的字样，还带有鱼笼、船桨和鲇鱼的图案。大概是以长良川的渔夫为原型的图案吧（图 1-12）。

此前，在日本也探访过许多具有代表性的西式建筑，有几处被允许进入内部参观，但从未见过如此奢华的餐具。想来宅邸留存而餐具消失也是件奇怪的事。渡边邸难不成是个例？还有其他像这样设计师有名有姓，作品可以称之为盛宴餐具的西式餐具吗？要如何评价如此正统的西式餐具才得当呢？面对渡边家的餐具军团，我越发感到自己的无知。

就这样，我又产生了新的课题，从此，踏上了建筑侦探的“不归路”。

图 1-12　器皿（照片来源：《银花》第 58 期）

渡边家保存着近 300 件今和次郎设计的餐具。这些餐具全都刻有字母 JW 或在岐阜的长良川被鸬鹚捕食的鲇鱼的图案。

第二章　树大招风

——广告牌式建筑

我置身事外地注视着刚写出的一排字，“广告牌式建筑”。

难道就没有更好的名字吗？我不禁责怪起取这个名字的人。

自己责怪自己这种事，虽然作为看客和被看的人都挺不好意思的，但起这名字正是我二十几岁狂妄自大时的荣幸。起名之时万万没想到它之后会广为流传，所以只是以类似女孩就叫“花子”，男孩就叫“太郎”的心态随意地用了最为通俗易懂的名字。想来还是如“Jack and Betty”的Billboard Architecture之类，也许会更雅致。不是“关于广告牌式建筑的概念”，而是“关于Billboard Architecture的理念”。

这样一来，1975年10月11日，日本建筑学会历史意匠委员会的最终汇报也一定能在规定时间内完成。我想都是因为起了这么直白的名字……

拜访广告牌式建筑可是说是搂草打兔子。东京建筑侦探团成立之初，我们只将有名的大厦、大型医院和显眼的银行锁定为探索目标，而回家途中经过的平民区商业街奇形怪状的店铺鳞次栉比。

大多数的木结构带阁楼的二层楼在店前像安上屏风似地紧挨着建筑立起板子，在板上面贴上金属板或是涂上彩色刷浆，做出各式各样的装饰。那正是素描画。途经这种场景，必定是寻找名作路上心情昂扬时，或是归途充满成就感，又或是沮丧而归之中的一种，因而并无驻足仔细观察之意。就是模模糊糊映入眼白的程度。用恋爱修辞来说，就是注意到了她的存在，却并没有将她印入脑海。

一天，在摇晃的电车上，两个侦探谈起了贴在平民居住区“那位”脸上的金属板种类的话题。由于实在是不时就会看见，次数的力量将素描画从眼白向黑眼球的方向推进了一些。

在东京长大的主张说“那是在铁皮上刷漆而成的，在我家附近有好几个这样的呢”，在乡下长大的则坚持“因为泛着铜绿所以一定是铜板”。两人偏偏在这种事情上的分歧无法消解，平时和睦的两人，此时空气中啪嚓啪嚓地闪着火花。

“既然如此，那就去确认看看吧。”

“好啊。”

另一天，在每周一去的旧书展的归途中，去了神田广告牌式建筑的密集地带，并认真地走了走。

走进小巷后，不知何时两人竟都忘记了谁对谁错的问题。答案虽是铜板，但相比之下，“被铜板完全包裹的建筑”出现在东京的平民居住区这一事实比金属板更值得探究。

之后，便注意到很多地方都有这种建筑。从一开始是偶然发现，逐渐到新富町的三座，本乡的五座，芝爱宕的三座等成面地扩张开来，并在走动中发现了它们的分布规律。

虽说广告牌式建筑只在商业街上有，银座和日本桥的高级商业街却没有，而在近郊的街上和二战后新开发的地区也没有它们的踪迹。有的则一定是千代田区和中央区的高级商业街外一层的，在玻璃窗上张贴有街道居民会的“祭典”通知的，或者是二层窗户上有雨棚的，那样的商业街上。说是二流不太恰当，second class，也是一个意思啊。并且建造时间集中在 1928 年、1929 年。

用术语说就是，“这种建筑形式形成于昭和初期，呈甜甜圈状分布在中心商业地区周边。”一旦了解了分布的规律，找起来就很容易，只要在学术上的甜甜圈上走动即可。

行走的过程中，识别好坏的能力也提高了。第一个要点，在于纹样的趣味而非整体的比例和造型。最初只是将铜板贴上，但这样的话钣金工就屈才了，店铺的装饰也过于单调，后来通过弯折剪切等方式，便出现了各式纹样。

第一个出现的是蓝海波花纹，使用在防雨窗套上，之后将浪花设计成花瓣圆圈形。更加固着后，就如堀侦探在去高圆寺站南口的松叶一清侦探家的途中的极小旧书店发现的那样，蓝海波不仅用于传统的鳞纹，还被视为蓝色大海的波浪，让被剪成群鸟形状的铜板在波间飞翔，将铜钉头部像飞沫那样钉入。

除此之外也有很多纹样，麻叶、鱼梁、菱角、竹叶、龟甲这些可在书上查找得到，也有许多至今也叫不上名字的。这些都是江户时期以来日本的传统纹样（图 2-1）。

这座建筑的外观处理方式虽然是以贴铜板为主，除此之外也有其他装饰方法。比如，做成彩色刷浆的锯齿纹样和颜色相间的条形纹样，或是嵌瓷砖，有的还将铜板、彩色刷浆以及瓷砖混合使用。

虽然为数不多，也有贴着天然石板的。最先遇到的是西神田三丁目的吉田理发店，正面和侧面满满当当地贴着熏暗的银色的石片（图 2-2）。这种方法由于常见于西式建筑的屋顶，所以很快便识破了它的原型，在日本从未见过将其用在西式建筑的墙面。

图 2-1 江户时期纹样的防雨窗套

由代表性的江户纹样蓝海波和麻叶构成的高轮五金店的防雨窗套可以称为工艺品了。

图 2-2 贴有石板的吉田理发店

在神田看到了三座贴有石板的广告牌式建筑。石板上精巧的凹凸造型颇具味道。

我对石板是有些挑剔的。这种石材可以称为西式建筑中的女王，在日本只有在宫城县的牡鹿半岛一带才能采集到，自 19 世纪七八十年代发现以来至今一直如此。无论在鹿儿岛还是稚内，希望大家只要看到石板就想到牡鹿半岛。

虽然有些突兀，也希望大家想一下木村铁郎先生。他祖上发现了做砚台的石材和欧洲的石板是同一材料，并将其商品化。木村先生家在宫城县桃生郡雄胜町的明神，那里尽管是乡下的渔村，屋顶却是石板建成的，还有以石板代替墙壁的渔民房屋，即使说这里是英格兰的渔村也不奇怪。木村先生家是用石板最多的，从屋顶到墙壁到仓房再到鸡舍，所见之处全包有石板。暴露的有机物大概只有家人们的脸了。

正因为储备了这些专业知识来神田漫步，所以我看到吉田理发店的瞬间，惊讶于这里竟有这样的建筑。

我推开玻璃门贸然打听，对方答道，“地震后，东京木匠的工具和材料全被烧毁了，之后，来了很多从关东和东北地区带着材料找活干的木匠。来我家的是个叫横山的来自仙台的木匠，他给安上了石板。”

仙台是牡鹿半岛石板的中转站。其他贴有石板的建筑也可以断定是类似的情况。理发店老大爷的话，解开了另一个谜团。不知为何西日本地区的京都和大阪没有这种形式的建筑，只集中分布在包括中部和东北的东日本地区。如果考虑到地震重建时期木匠的外出务工区域，就不难理解这种现象了。重建期过后，木匠便将首都的流行趋势带回家了。

像这样，看过一个又一个后，这种建筑的奇特形式便一毫米一毫米地向黑眼球的中心慢慢移动，但也仅仅是对其外观的玩赏罢了。一直以来我都认为城市仅仅是由外观构成的，并没有想过在其深处还存在其他的领域。

夏天的一个傍晚，我沿着神保町的旧书街向九段方向行走时，偶然经过了泽书店（图 2-3）。因为泽书店是贴铜板建筑中完成度最高的，为表敬意我像平常那样抬头看去。但和平常不同的是二层的磨砂玻璃窗敞开着，可以看到里面。

啊，房间里面！

既然是商店街，店主一家自然住在里面。但这样的生活气息却并没有浸染到建筑的表面上，因此之前也从未注意到它。

就算是这样，泽书店的二层房间也实在是不得了。因为是从下仰望，只能看到门楣以上的部分，门楣上挂着涂有清漆的木质衣架，垂挂着反季的西服。杉木梁撑天花板，中间带有白色陶瓷玫瑰花饰，垂下黑色电线，电线那端挂着乳白色玻璃的草笠形盔，灯泡在这之下亮着。灯泡不是六十瓦而是四十瓦。房间整体被染成了暗淡的焦油色。小学美术课时老师给看过明治时期的画作《夜火车》。画中小商贩在车内悲凉的场景，浮现在眼前。

因为是薄暮时分，再加上毫无防备，我来不及理性地按下按钮，泪腺瞬间一松，眼泪夺眶而出。

大概就是从这时开始，对我来说所看之人和被看之物的关系变得十分模糊。

图 2-3 广告牌式建筑名作——泽书店

传统卷棚式博风和国外的拱形曲线的组合，铜扶手、种类繁多的铜板纹样、整齐的设计感觉很好。

请求进入参观这种行为，若对方是乡下的淳朴农家也就罢了，对城市的、世故的，不，是谨慎小心而不相信他人的商人是行不通的。要不要大着胆子，不，是无法控制意念，我被强烈的意愿推动着进入店内，站在账台前，说出“请让我看看里面吧。请给我讲讲从前的事情。”

听到这样的请求之后，十家有三家都讲给我听，其中的一两家还让我看了里面。

①神田淡路町的花市花店（图 2-4）。

花店是房主斋藤市太郎在 1927 年建的，花店正上方停着两只蝴蝶。花和蝴蝶由于是由铜板制成的，现在生了黑锈，看起来就像是黑凤蝶。这座房屋竟然没有走廊。一层的 23 平方米作为店铺，剩下的 15 平方米则布置厨房、厕所、浴室、便门、起居室、储物间和楼梯，也就没有富余的空间建走廊了。所以，要想从起居室到便门的话就要变成人猿泰山，既要留意左边的灶台和右边的水槽，还要从中间深一尺（一尺约等于 33 厘米）的“峡谷”上空飞过。谷底还有浴室的炉口。

②神田神保町二丁目的山形屋纸店（图 2-5）。

田记俵次郎出身于八王子，他在 1879 年创业，这座建筑是他的儿子传吉建造的。

一层的前半部分是店铺，里面是住所，中间设有一小方里院，尽头是一座红砖仓库。店铺和其他同类商店一样没有采用欧洲的站卖式，而是沿袭了从前的坐卖式，这大概是因为做和纸生意的缘故。11 块榻榻米大（约 18.2 平方米）的店铺晚上摇身一变成为可供五人使用的睡铺。在入口处的门楣上方，转动式壁橱里塞了 5 床被子。当时的商户人家，只要有榻榻米的地方就有睡铺。

③新富町一丁目的佐藤理发店（图 2-6）。

尽管一层的店铺建于 20 世纪二三十年代，却有着爱奥尼式柱廊[1]和法式的花房装饰，犹如保留着几撮落后于时代的凯撒胡[2]。二层的住宅部分则完全不同，只有两间不带壁龛。奇怪的是，这里没有可以称作厨

1　爱奥尼式柱廊：源于古希腊，是古希腊古典时期的三种柱式之一。特点是比较纤细秀美，又被称为“女性柱”，柱身有 24 条凹槽，柱头有一对向下的涡卷装饰。

2　凯撒胡：左右两端翘起，成八字形的胡须，在日本曾于明治、大正时期的政治家和文化人士间流行。

房的区域。只在楼梯平台上有宽约 0.7 米、深约 0.3 米的水槽和管道。到底在哪里做菜煮饭呢。据老太太说，做菜是在水槽上架上案板，煮饭就将蜂窝煤炉拿到街上。下雨天在油伞下面做饭。这不禁让人联想到东南亚的街道生活。

④白金二丁目的铃木洗衣商店（图 2-7）。

铃木七三郎从福岛县二本松来到东京，在震后建造了这家洗衣店，不知是不是因为远离市中心的缘故店面很宽敞。尽管如此，也在对空间的充分利用上花了心思，土间的洗澡木桶白天用滑轮被吊起，使土间可作为宽敞的作坊使用。

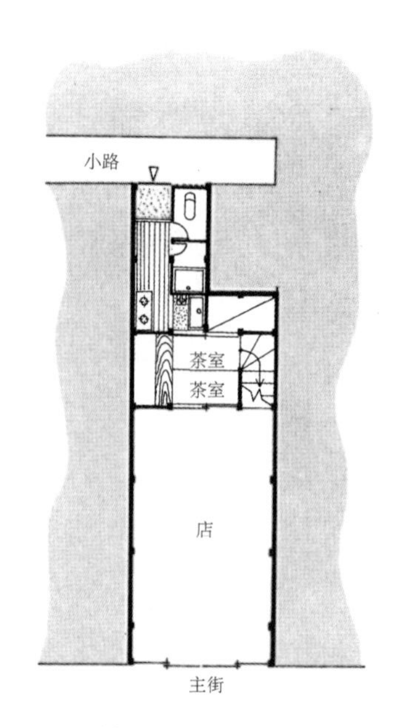

图 2-4 狭窄的花市花店平面

茶室、水槽、灶台、浴室、起居室、便门都挤在 10 平方米左右的空间里。

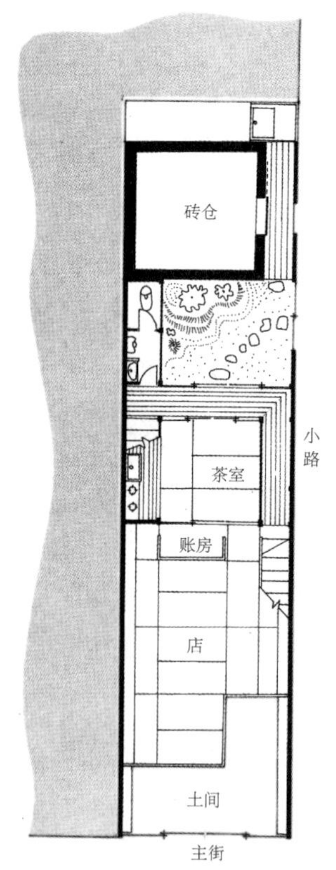

图 2-5 宽敞的山形屋纸店平面

从外往里走依次是土间（素土地面房间）、店铺、账房、茶室、里院和仓库，一应俱全，非常宽敞。

图 2-6 豪华的佐藤理发店

外观朴素，室内却豪华得像宫殿。只是总见不到客人。下次再去恐怕建筑也消失了。

图 2-7 贴有瓷砖的铃木洗衣商店

这是少有的贴瓷砖的广告牌式建筑中的代表作，使用了赖特在帝国酒店中初次使用的槽纹面砖。

⑤神田须田町一丁目的武居三省堂。

武居龙吉出身于信州木曾，于 1928 年建造了这家笔墨店，建筑面积 43 平方米，总面积 129 平方米的小店铺中住着店主家 12 口和佣工 5 人。

面阔两间的狭小用地被占得满满当当，里面铺满了坐卖式的榻榻米。通常这样的商户家都会在背后的小路或旁边的过道上设置便门，巧妙地将公私区域区分开来，但这家店却连开后门的小路也没有，而在侧面也没有足够的宽度设置便门。家人也只能从前面的店铺进出。平常这样也没有什么，但头疼的是便尿的清倒，据说要将家中包括前面店铺最里处的厕所都铺满报纸，再搬运。幸亏不是包子店或者果蔬店。

⑥神田小川町的田村帽子店。

1906 年田村政七从新潟来到东京，1928 年建造了这家大型帽子店。

通常，即便被允许参观店内也只是到二层为止，而在这家店我第一次看到了三层。来到楼上发现不是“层”而是阁楼。这种形式的商店从外面看上去是三层建筑，但其实说是两层半则更为准确。当时的建筑标准法明明禁止建造三层的木结构建筑，街上却到处都是三层建筑，这让人颇为费解，但看到这个就明白了。据老主人说，警视厅建筑指导的负责人背地里教了这个充分利用阁楼的方法。来到楼上吃惊地发现是法式房顶构架而非日式的房屋构架。这样一来扩展了房间的空间，但这种形式又是从何而来的呢？问到这一点，老主人答道，“这屋顶啊。芒萨尔，都叫它芒萨尔，不过那是什么呢。不知道……”

“呃……莫非是，不是……”

芒萨尔这个词让我顿时惊慌失措。从西方建筑史的教科书中学到的法国建筑大师的名字竟会悄悄地藏匿于此。芒萨尔是侍奉太阳王路易十四的宫廷建筑师，以设计凡尔赛宫离宫和常见于公寓建筑中的折面屋顶的阁楼而闻名。他的设计不知如何跋山涉水，竟连同名字一起周游世界，最后来到神田的下町。原来塞纳河的水与神田川相通，巴黎的公寓

与神田的阁楼相关（图 2-8 ~图 2-10）

突击的几家店铺之中，成功进入最里面的是神田须田町二丁目的海老原商店（图 2-11）。

折面屋顶阁楼称为“孟莎式”，这种形式常被用于广告牌式建筑。不同于正宗的巴黎做法，这里大部分情况下不设凸窗。而“Dan 洋货店”却例外地遵照巴黎样式安设了凸窗。但巴黎样式也仅限于屋顶，排列在路面的盆栽则展现出江户时期的风情。

图 2-8 有正宗孟莎式屋顶的“Dan 洋货店”

折面屋顶中间凸起，顺势将正面屋脊线做成富士山的形状。

图 2-9 带有富士山形状的广告牌式建筑

图 2-10 露出折面屋顶的井筒屋

一眼就能看出这座三层建筑的顶层是阁楼。

图 2-11 海老原商店，加油！

如今土地收购商在广告牌式建筑地带横行。一年内海老原家附近发生了三次不明原因的火灾，一次还烧到了二层的内侧，店家没有放弃修复。左边空地是烧毁的废墟，土地收购商最希望看到这种场景。

寄出信并打电话确认之后，我和堀侦探扛着卷尺和画板继续前进。尽管是非常唐突的请求，房主海老原保翠先生却等候在那里并马上让我们进店参观。

之前土间铺有榻榻米的店铺，角落里是账台，保翠边回忆边说，现在这些已被拆除，不存在了。账台之前都是店铺，账台过渡到居住部分的走廊上方，开有洞口，光线射进来。在狭长的房屋中使光线穿过二层和屋顶层射入，这手法十分巧妙，让人感到了某种文化底蕴。

穿过走廊便来到了铺有八张榻榻米的茶室，这里极具冲击力。墙壁被书柜、茶具橱、挂历、衣服、挂钟、孩子的画、奖状牌匾等占得满满当当，墙角的榻榻米上也放着成捆的资料、杂志和相册，像早晨电车上拥挤的人群一样。

如果把这座房子比作人脸，入口的玻璃门是牙，店铺是嘴，账台是小舌，经过走廊就像通过食管，嘭地一下终于进到胃里，茶室是白天也昏暗的内脏。消化的、还没消化的食物滚落在四处。这家庭里才会有的杂乱感恰到好处。

头发花白，身穿牛仔裤的海老原先生将东西一件件推到旁边，铺好坐垫，开始接受采访。

最初在这里开店的是保翠先生的祖父海老原利八，1945 年他老人家从茨城县藤代町来到东京开起了估衣铺，后来卖起了西服布料。震灾后儿子宝藏建造了现在的房子，委托相识的业余画家黑泽武之辅先生设计，木匠依照他简单绘制的正立面草图建造。当时住在店里的人有海老原一家 13 口和佣工 5 人，人数众多。

我们围着矮脚饭桌边看图纸边说，背后不时地传来敲门声，女大学生模样的女性和拎着黑皮包的中学生进进出出。背着书包的小学生也挤着过去，他们轻快地踏着起居室角落里的楼梯。难不成二层有地下铁的车站吗？

“是我孩子。”

“全都是？”

“哈哈，11 个。”

可以组成棒球队了呀，刚想俗套地这么说，却发现还会多出候补队员于是作罢。问到照顾这么多孩子的秘诀，从厨房传来了夫人的声音，

“第三个是最辛苦的，大家都会在生完第三个孩子后认为养孩子难。其实，第四个开始就不那么费事了，因为上面的孩子会帮忙，所以只剩下乐趣了啊。剩下的就自然而然的……”

海老原商店的平面布置是典型的商店。一层的前半部分是店铺，里面分成两部分，中间是茶室，往里是厨房、卫生间、浴室和便门。二层和阁楼间是家人和佣工的起居室。店以外的生活空间完全没有西式住宅的要素，隔扇、拉门、壁龛、壁橱、隔窗、土墙、榻榻米等陈设组成了内部空间。

托海老原商店的福，我们有机会进入泽书店观赏。吃过午饭后，在店主女儿弹奏的美妙钢琴声中继续测绘，完成了一天的探索之旅。

傍晚回到街上，刚才还如布景一样紧贴在路旁的商业街变得像照射了 X 线似的立体起来，显得更加雅致了。

虽然有些夸张，但仿佛看到了内部结构。这种商店的正面和店内虽然是西式设计，但里面的生活空间却是江户时期流传下来的。油伞下烹饪、人猿泰山似的越过浴室这些令人心酸的应对狭窄的方法，还有只要有榻榻米就能吃饭睡觉的使用方式，全都是从江户传承下来的。

“根在江户”。我这说法可能欠妥，但这只是对事实关系的叙述，而非对于心情的描写。也不是强调根源于江户就是好的。建筑侦探认为比起江户，还是东京更好。要说为什么不喜欢江户，是因为生在那个时代出身只能在士农工商之中选择一个，若成为农民就不能在城市居住，成为商人和工匠就只能俯身溜边走，生为武士的概率只有百分之

二三十，风险太大。最重要的是如果生在江户，建筑侦探就只能是建筑眼线，十指叉腰……时髦的侦探可不允许这样的事情发生。

这种形式的建筑的内脏传承自江户这一事实似乎可以为建筑的正立面设计提供一个很好的解释。

正立面的特征是西式建筑没有屋檐挑出的板状设计，加上麻叶、蓝海波、菱形等传统装饰纹样，这种现象或许可以看作建筑内部的江户传统元素反映在外表面上。

麻叶、蓝海波等纹样是江户具有代表性的小花纹，常常用于衣料、楣窗、包袱皮和包装纸。江户时期人家的婴儿常被裹在麻叶纹样的襁褓里，这种习俗寓意人们希望婴儿像麻苗一样茁壮成长。江户城中许多人都在小花纹的氛围中长大，这正是广告牌式建筑独特装饰产生的基础。

但这只是前提条件，却不是江户小花纹出现在城市表面的充分条件。是因为，在江户时期，这种建筑方式并没有被用于商户的正立面。

到底是什么力量将室内装饰专用的江户小花纹像凉粉小吃车一样推到城市的主街上的呢?

那是“干劲的力量”。

不，虽然不是值得大声宣扬的事情，但我想那是“想表现自己的干劲”。

广告牌式建筑，不，在这个说法诞生之前，所有后来被叫作广告牌式建筑的都是在关东大地震后的重建期建造的。这就是“干劲”的时代背景。无论是多么讨厌图画和手工的人，在那时却兴奋得像别人第一次给买了蜡笔一样。

这都是因为东京有一天突然变成了一张白纸。总之，需要有人在只打有界桩的用地上进行建筑设计。银行和公司会由建筑师这样的专业人士来做，但他们却无暇顾及街上两三层的商店。因此人们只能亲力亲为。首先是店主本人，接下来是相熟的木匠师傅，再有就是急忙赶到东京的木匠师傅。也有这些也不够应付的情况，甚至还要城里的画家出场。海老原先生的房子和神田淡路町的木村理发店都是如此。城市真的变成了画纸。

震灾重建期间城市的景象确实不同寻常。和木匠讨论这个柱子要如何、那个窗户该怎样，后来到街上发现邻居家也在叮叮当当。邻居的邻居直到街道尽头都在叮叮当当。盖房子就和图画手工课时一样，到处看看朋友做得如何，热心地观看别人家的建造过程。

和谁谁家比起来我家厨房的做工还是差点儿。喔，这瓷砖漂亮，从哪里得的？拱形的窗户，我也要用上。

不知不觉中，连城市偏远处的桥都建好了。店主、木匠师傅还有画家，这些参与城市建造的人都是这样做的。

“东京住宅建设比赛”，这可不是常有的事。如果遇到这样的场面，大抵都会充满干劲。再加上，没有必要做成之前的仓造式或出檐房，可按照自己的喜好建造。眼前就是白纸，凭借干劲去尝试，纸上就会出现拱形、麻叶纹饰。

带立板的西式设计和江户小花纹组成新的城市景观，令人耳目一新。

铜板裱褙师竹下先生在神田神保町二丁目的店铺（图 2-12）。一层的钢板总是闪闪发光，既没有铜的黑锈，也没有泛着绿青色。一问才知道，原来每天早上都有人和木格子门一同擦拭一番。

泽书店昏暗的账台后面总坐着一个老太太，我不时地去拍照，她朝这边看。我进去问道：“这是木匠师傅设计的吗？”

“不，是我建的。”她答道。

“不，不是房主的意思，是说实际上谁设计了正立面……”

“就是坐在这儿的我。”

终于理解了对方的意思后，我询问起建造时的情形，虽然细节已经模糊，却听到了年轻姑娘炫耀盛装打扮似的一番话。

新富町的植村三郎老爷子生于 1889 年，他有些固执。我初次看到连二层凸窗的栏杆都是由铜板包裹的建筑时门是关上的，第二次再去，老爷子在店前搬出椅子仔细阅读东京新闻。膝上放着周刊杂志，脚下还有湿漉漉的喷壶，大概是从一大早就给门前的花草浇水，翻阅报纸杂志吧。因为是背巷，车也不多，远看就像坐在公园里的座椅上休息的老人一样（图 2-13）。

图 2-12　泛着铜光的竹下裱褙店

主街一侧因废气变黑，背巷一侧泛出漂亮的铜绿。正面两边的上部装饰为契合店名的竹子。整体上是专业人士喜爱的素雅设计。

图 2-13 留有炸弹伤痕的植村老爷子家

可以看到左下方炸弹碎片穿透的痕迹。

“不好意思，您是这间店的……”

“对，有什么事……”

“可否说说建造这座建筑时的事情……”

通常这种时候对方都会反问你是谁，要做什么，但这个老爷子却忽地站起，右手指着一层角落里的铜板牌，左手将裤脚划拉上来，“你看！”他大声说道。吓了一跳的我顺着他指的方向向店铺角落和他消瘦多毛的小腿看去。

“明白了吧。”

怎么会明白。我的疑惑似乎使他颇为高兴。笑了一会儿，他说：“空袭时，店前落下一颗小炸弹，它落在地上就爆炸了，铜板被碎片穿破，留下了很多孔洞。当时我正好站在近旁，碎片也刺破了我的腿。要是现在就会马上去医院，但空袭时医院里都是半死的人，我就自己涂上红药水了事，伤口愈合后弹片却留在了里面。铜板的伤痕只要修理一番就可复原，这间店铺是震灾后倾尽全力建造的，想着在取出腿上的弹片时一起修理，没想到一直留到了今天。不取出来了，一起去那个世界。”

就这样，我听了老爷子半晌的话。

我一边漫步一边寻找商店，在听它们的故事的过程中，有了应该把这些建筑的故事传达给人们的想法。

反正我是对它们着迷了。

虽然我自称建筑侦探，但实际上只是一个学生而已，当时还没有在杂志上写文章的经验，认为向建筑学会的历史部门汇报是最合适的。

关于至今为止没有人注意到的商店形式的报告，学会一定会认可吧。

但我也有一些不安。昭和时期才出现的商店建筑历史还太过短浅，并且是大众随意设计的，大概不会有人关注吧。学会历史部门的研究对象以宗教建筑、公共建筑以及住宅这类正统建筑为主，从不关注街上的商店这样的建筑。夸张一点说，学会这种地方萦绕着某种神圣气息，它无上尊贵，学术的威严不可侵犯。

贴着铜板、石板、瓷砖、彩色砂浆的商店就如同穿着贴身短裤进宫朝见一样。拱形和江户小花纹装饰或许勉强可以获准登上台面，但神田铃兰街上店名不明且外观粗劣的商店岂不是要被拒之门外?

这类不起眼的建筑要引起人们的注意很难。此时，我就像有着不成器儿子的父亲收到父亲参观日的邀请函时一样，心中五味杂陈。总之决定参观，不，向学会投递论文。说是这么决定了，但却没有关键建筑的名字。

在那之前，在藤森侦探和堀侦探之间谈到这种建筑时总是说“神田的那个”或者“海老原先生家那种的”，不必使用名称。但两人之间尚可，在学会上说“神田的那个”可行不通。于是在每周例行造访的旧书展归途中我和搭档商量起来。什么“屏风式”“立板商店”等，两人边走边想名字，搭档提出了“广告牌式建筑”，于是我选择了它。在向学会投递的论文的标题上，我怀着去市政府给孩子登记名字一样充满期待而又紧张的心情，写下了“关于广告牌式建筑的概念”几个字。

接下来就是去学会。第三天，也就是最后一天。广告牌式建筑的报告次序排在第 787 个，也就是最末一位。主持人是以严谨著称的东京大学教授稻垣荣三。

我被教授催促着登上了讲坛，边讲边环顾会场，坐在后方角落里的搭档呈半起身状，表情就像随时要逃出去一样。指导老师村松贞次郎教授、日本大学山口广教授也都是一脸怯懦。侦探团的宍户实、河东义之、清水庆一三人则是一副事不关己的表情。清水前一天还在咖啡馆里说“近代庶民建筑”这名字比“广告牌式建筑”更好呢，真是狡猾。

咦，大家今天都是怎么了，没有精神，就这样一口气讲完了。铜锣响起。

通常，对这种小小的报告都是没有提问的，在铜锣响完稍事休息再进行补充说明后下台。我自然也想着要做补充说明便环顾会场，却发现可能大家都认为这么说有些夸张，但总之，前所未有地很多人都举着手。

回答了一人、两人、三人之后，尽管时间结束的铜锣响起，仍有人举手。裁判员稻垣教授宣布破例延长时间，再次一人、两人……

真是久违的多人对战。

先说结果，就是这天以后，“广告牌式建筑”一词开始在建筑界被使用。只是，它并不是被公认，而是在多人混战之中，有“什么广告牌式建筑这种东西……”还有“能不能使用更好一些的名字而不是广告牌式建筑这种新闻报道式的说法……”这样的争论中，尽管最终也没有找到更好的说法，大家却在不经意间就用了起来。这就是实际的情况。

从那时到今天正好十二年。我久违的到广告牌式建筑地区转了一圈。

雨天在路边支起油伞做饭的佐藤理发店已被拆毁，在它原来的地方建起了一座混凝土建筑。附近的人都不知道老人的去向。

植村先生家埋入弹片的建筑一如从前，店前的花草和老爷子却都不见了，取而代之的是日东咖啡股份公司西式餐具事业部仓库事务所。

泽书店的铜板上被喷上一层黄色的平滑涂料，木制的门窗隔扇被铝材取代，招牌换成了“神保町图书中心”，老奶奶也不见了。

每天早上擦拭铜板的竹下裱褙店变成大和屋鞋店的临时仓库，铜板也生出了黑锈。

有着转动式壁橱的山形屋纸店正在被拆除，写有《建筑计划通知》的常见白板被钉在铜板上。

照这样下去，数十年后，在昭和下町出现的广告牌式建筑群不定只会空留下它独特的名字而实体却消逝了。就像曾经密布江户的商户和长屋在近代充满变化的时代中一个不剩地，如同不曾存在过一样销声匿迹，之后出现广告牌式建筑，而其也会是这样的命运。

只是，海老原商店说不定还有另一条路。

去年的 2 月 19 日，深夜失火，隔壁房屋被烧毁，海老原商店的二层也遭到牵连，被烧掉了一半。据说转天一早，几个房地产公司和建设公司闻讯而来循例拿出了提供资金的楼房重建计划。当我赶到时他们正在从废墟中搬出被淋湿的家具。我不由得感叹广告牌式建筑的典型代表也要消失了，便向光脚走在被烧煳的榻榻米上询问房主“今后打算如何”，海老原保翠先生回道“十年前听藤森先生说二十年后这家店会变得珍贵，打算再撑个十年呢。”学生时代随口一说的一句话竟然被人记到现在，真是让人不好意思。

大约三个月后，我收到一封信，“托您的福已经按原样修复好了。等再过一阵稍加修整，希望把它恢复成从前的呢绒店的样子。”

第三章　伫立街角的达达主义

——东洋电影院

在街上总会遇到让人四下张望确认无人后会心一笑的有趣的西式建筑。

广岛双三郡吉舍町的田中照相馆是建于1926年的建筑。虽然整体看上去是再平凡不过的乡村照相馆，但位于玄关上方的二层窗户却很有意思，竟是凯撒胡形状的。这样一来，胡须下面的入口就成了真“口”，将客人一口吞进。这样有趣的造型，仿佛诉说着明治初期照相馆刚刚出现之时人们还不习惯身着立领西服，戴上假胡须笔直地站立在照相机面前那个令人怀念的时代。

新潟吉田町的今井先生家也很奇特。偌大的宅子一角保留着以前的银行，远看是平淡无奇的红砖西式建筑，但走近玄关往上看去，拱形顶部的拱心石上雕刻的福德神笑容可掬，让人忍俊不禁。

仔细观察东京的居住区，也有不少可取之处。居住区还有一些俏皮的表现形式，不乏“我们欢乐的家”，让所见之人会心一笑。

仔细侦察近山的广尾地区时我们在圣心女子大学的附近发现像是昭和初期建造的小型西式建筑。因为没人制止，就像往常那样进入大门走近门廊，从上至下检视了一遍屋顶、房檐和窗户，正嘟囔着“差点意思”，忽然注意到有什么动物蜷缩在地基附近。弯下腰，扶正眼镜一看，地板下面的通气口处是三只野鸭。通气口的五金是普通的简易格子状，植物纹样也就罢了，动物图案可是非常罕见。况且不是老鼠或者猪，偏偏让鸟类走在地上，品位也实在差劲。

但是，西式建筑图像学让我想到，如果在建筑的下部有走路的候鸟，莫非上部还有飞翔的候鸟。于是我推开了建筑右侧的角门向后院走去，这种手段我平时可不用。如果是在玄关附近晃悠，一句“不好意思，房子太美忍不住就……”便可解决，可一旦进入院子就没那么简单了。我们小心翼翼地踏着草坪边走边回头望向上方。不出所料，二层的阳台扶手处有三只野鸭悠然飞翔。这时房间里也传出了高声地斥责。

漫步平民区就像在玩具箱中游走，或在郊外采摘田间的野花似的，日本的城市还有这样的乐趣。

然而，诸如此类的明治时期中小型西式建筑、大正时期的西式店铺、昭和时期的郊外住宅等B类作品却从不会出现在建筑史教科书中。教科书中出现的只会是政府机关、银行、大宅邸这些称霸时代的大家名作。诚然，正史、通史是循着时代的顶峰形成体系的，因此无视B类作品也在情理之中，但在这之外的地方是不是也应该给予B类作品更多温暖的目光呢？

像这样对建筑史研究者表达不满的人也不少。

至今收到这样的责难也不知如何回应，学者们一定能察觉到近郊中小住宅的趣味性，在采购时看到有趣的商店也会心一笑。只是，至今都抽不出时间。

我们从十二年前就开始在读到一半的大部头书籍中夹上书签，不时将笔撂下，推开书房厚重的门，怀着哪里都有有趣的建筑的念头，肩扛相机，手中抓着地图，在城市中穿梭。城市之后是郊外，郊外之后是乡村，只要是通铁路的地方，有道路的地方，全国各个角落都回响着我们的脚步声。拭去汗水推推眼镜，如果是在房屋密集的居民区，就为了不错过一座建筑，在千分之一比例的详细住宅地图册上边画红线边走向下一条小巷。

如果是在地方城市，我就和几个同伴一起坐上列车，每到一站便像滚落的木桶一样一个接一个地下车，在车站前的书店买好地图，漫步在陌生的城市中对铁路沿线展开调查。

在狗吠、被雨淋、被警察怀疑中度过了五年，1980年，调查终于结束。在调查领队村松贞次郎侦探的努力下，得到丰田财团的援助，调查成果由日本建筑学会编成《日本近代建筑总览——遗留在各地的明治、大正、昭和建筑》。多达13 000的建筑清单包括了建筑名、旧名、所在地、竣工时间、施工者、结构种类和附录，解说由建筑特点和优质照片构成。说得学术一点的话就是近代建筑的户籍簿，或者西式建筑的电话本之类的东西。建筑迷一定要有一本。

翻开书页就会看到，住宅是从大正天皇的赤坂离宫到烧尻岛的小纳住宅，政府机关是从红砖法务省到佐渡岛的木造法院，澡堂是从信州的片仓馆到札幌红砖北海汤，火警瞭望台从盛冈的绀屋町哨所到伊势崎第一分团警察署，总之，不分贵贱无关年代，从 A 类到 C 类一应俱全。

其中厚到要加上“巨”字的果然是 B 类作品的部分。在 B 类建筑中尤为瞩目的是二战前的电影院。电影院可以称为 B 类作品界的王族。王族中要确认以谁为王是件让人为难的事，但我还是想选择神田的案例。倒不是因为是自己发现的所以偏袒，而是因为它建于无声电影时代的出身，还有着高贵气质，是当之无愧的王者。

刚开始作为建筑侦探开始漫步城市的时候，准确来说是 1974 年 4 月，从丸之内顺时针在皇居周边转悠，大约一周后进入神田地区。从丸之内和麹町的 A 类建筑世界踏进了不知隐匿着什么的灌木丛般的神田 B 类建筑世界。

走下九段坡，看到神保町的旧书店街，从大道转进小径，到了带有拱顶的“樱花路商业街”。贴着铜板的广告牌式建筑和木结构的小店铺保留着昭和初期的建筑样式。建筑侦探的直觉告诉我，这可是有一定年头的建筑啊。藤森侦探说道：“值得一去。”

堀侦探答道：“走着。”

走了二三十米后，街道上突然出现了一座涂有白色刷浆的建筑。

“喂我说，这是……”

“像震后重建的……”

“达达……”

“啊，达达……”

重新咀嚼了一番从两人口中随意说出的“达达”二字后，我们察觉到事态重大，面面相觑。那心情就像一不小心吐露了不可说的秘密咒语一般。我们当然知道在昭和初期，具有破坏性的造型艺术“达达主义”广为流行，也了解它的影响仅限于绘画、雕刻以及活动领域，并没有波及原本就具有构筑性的建筑。一直以来，“达达”都被视作是反建筑的，甚至被称为建筑敌人一般的“表现毒药”。就是这样的“达达”忽地露出了它的面容。

眼前的建筑不知为何形状七零八落（图 3-1）。正立面被分成三份，入口的上方如钉有一排呈锯齿状的尖头桩，下端呈拱形，拱形里面是凹进去的半球状，与中央的设计截然不同，三角形小窗以两列向上叠加，上面悬挂着“ TOYO KINEMA”十个红色字母。“KINEMA”的“K”真是不一般，体现出“CINEMA →キネ→ KINEMA”电影的日本本土化过程。

图 3-1 达达之花——东洋电影院

每次造访都比从前稍有破损。前些天去发现 T 字几近掉落。

左侧有“东洋电影院”几个日文和圆窗，微微突出的阳台里面是开着的，这里也非同一般。箭头，朝天的箭头形窗是出入口。就连箭头的尖端都细致地嵌着玻璃。整体上看，不知道该称之为建筑还是破烂儿。仿佛神田的东洋电影院老大正赤膊一样，“统一和协调什么的，在这樱花街是从不存在的”，在柏油路的后街竖起短刀呵斥。如此一来，也只有说“明白”的份了。

虽然那时不知道“明白了”什么，之后经过调查得知这座建筑是日本仅存的唯一的“达达主义建筑”，再无其他。

尽管一直接受“达达主义对建筑领域几无影响”的教育，但细细调查发现也有例外，在大地震重建期的建筑也曾沾染达达主义的气息。

例如村山知义的 MAVO GROUP。他们不仅以头发、报纸、钉子和袜子作画，光着身子跳舞，在银座开枪被警察追赶，还将触角伸到商店的设计，设计了大小不一斜置着蛋形窗户的 YOKIYUKI 美容院、一开门就是下楼楼梯让客人全部跌入地下室的 ORARA 酒吧之类。

以今和次郎为首的“棚屋装饰社”更是社如其名的硬汉派，肩扛爬梯手提漆桶，老鼠一般在废墟上东奔西跑，发放传单招揽业务，一接到活便急忙赶去，例如在神田的东条书店“以达达主义手法处理野蛮人的装饰”（今和次郎）将非鱼非人也非鳄鱼的动物与涡形纹样混合，在银座的麒麟啤酒大厅的建筑上画满像瞪眼张口的野猪似的奇怪的麒麟后意气扬扬地离去。之前的协调之美不知消失何处，只有“情绪亢奋导致的偶然结果”（今和次郎）才是真理。

经过这群头脑发热的家伙一通设计后，残垣断壁的东京留下了如热病褪去后斑斑点点的疮疤一样的达达式建筑。而这些疮疤经由二战后的高楼建设热潮的一番大扫除后逐渐被清除殆尽，唯独留下了这座东洋电影院。

我们正是误打误撞遇到了这最后的疮痂。纸上得来终觉浅，绝知此事要躬行啊。

调整好呼吸后近前一看，如今电影院已经停业，貌似是被作为出租的仓库使用。向附近的商店主人打听，他一副“大家总是探听这条街的秘密”的表情应道：“那个啊。”

但也就没有下文了。除了二战前是有名的电影院这件事外，谁也不知道更多的情况了。似乎连房主是谁都无人知晓。

无可奈何我们只好带着初见的惊讶折回，却很是不甘。也许是MAVO等的传奇之作呢。果真如此的话也算是个小发现呢。建筑侦探要有一颗探险之心。

几周之后我们再次前往，只见那里贴着一张小纸条，写着“有事请联系”。大概是为了租借仓库的客人留下的纸条吧。

不管怎样也只有按迹寻踪，便照着纸条上的号码打去电话。接电话的是一个年轻妇人的声音，“啊，那个房子啊。我的父亲了解许多，他86岁，但在一周前过世了。因为是很久以前的事了，所以我并不清楚。”

“是因病过世吗？”

“不，还很健朗，却出了交通事故。”

仅仅一周之差却遭遇了致命打击。如果说奇作东洋电影院的建造佚事就此失传，那自己恐怕要担起大约百分之一的责任了。这次失败使我们放弃解谜，转而不时地通过口传、笔述、摄影至少让世人知道它的存在。于是东洋电影院渐渐为人所知，那令人印象深刻的身影也开始出现在各种杂志上，只是谜团仍然不得其解。可是因为一件意想不到的事，神田樱花街的怪人二十面相的真面目又逐渐清晰了起来。

那是1980年春天的事了。朝日新闻的记者石川忠臣主动提出，想用全国版晚报对开两页的篇幅把我们一伙，也就是对外称作“日本建筑学会大正昭和战前建筑调查小委员会”这一长串名字的团体找出的主要西式建筑的名录向公众公开。一开始计划公布的只有主要的623栋，可总是显得过于单调。于是决定刊登三张草图，而在筛选之际，要从全国

623 张中挑出三位“西式建筑小姐”实在令人为难。从学术的角度选出三个是不太可能，于是干脆就选了三个自己当时觉得有意思的。自然，东洋电影院就是其中之一。

随后，4 月 17 日的全国版晚报的六版和七版被《近代日本的名建筑，由保存到再生》占满了。

“对建于明治、大正、昭和的二战前三个时代的近代建筑展开的全国调查持续至今，初见成果。总共 10 597 座，这是调查表记录在案的建筑物总数。从地方政府、学校、法院、车站等公共建筑，到高层、银行、酒店、工厂、商店、教堂以及住宅。当中也包括大众浴场、赛马场、监狱、灯塔等。此次调查不仅网罗了广为人知的有名建筑，也包括几座虽然设计者及建造时间不详，却融合了当地风土人情，受到民众喜爱的‘无名建筑’。在此选摘了其中约 620 座主要‘名建筑’，刊登其建筑名、所在地以及建造时间。希望该名录成为今后文化遗产研究及城市环境建设的重要资料。”

于是，作为“无名建筑”的一个例子，武田光正画的东洋电影院的美丽手绘为版面锦上添花（图 3-2）。

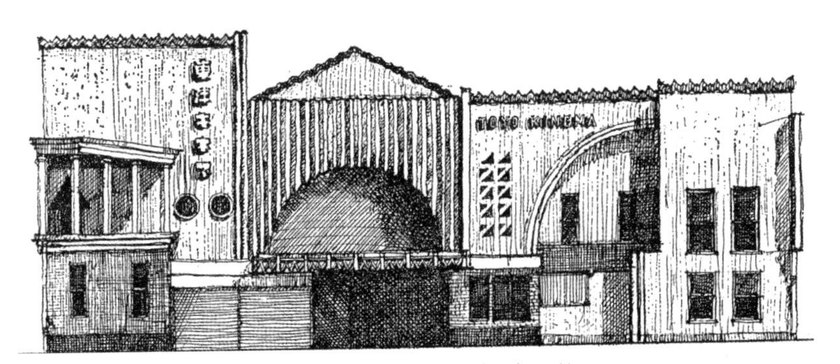

图 3-2 东洋电影院的全景（武田光正画）

画这张草图时左手边第二层的解说员休息室的窗户还是箭头形，现在已被拆除。

拿到印刷出来的晚报，迈着因连日赶稿变得不利索的步伐回到家里，转天早上，想着翻翻久违的资料吧，便欢欣雀跃地来到学校，怎么也没想到接下来的一周都耗在接电话上了。

“我是住在昨天报纸上登载的房子里的，登上报纸后是不是就不能随便改造了？”

“没有那回事。因为是很珍贵的东西，希望能得到重视才刊登的。并不是说有什么法律规定……”

“报道写着大阪的中津医院建于 1935 年，那是我的熟人的医院，他本人说是 1936 年建的，是怎么回事啊？”

“是这样啊。谢谢了。因为不能现在马上答复，能否留下住址和电话号码，我们会让负责人员查明后立刻联系您。”

“这里是菲律宾大使馆的秘书处，朝日新闻晚报的报道中刊登了我们的官邸。大使看了这篇报道，让我们询问官邸重要到什么程度……”

“谢谢特地来电。贵馆的建筑以前是小田良治住宅，是东京最好的石造住宅之一。有望远镜的圆屋顶是日本最早的私设天文台。实际上我们也只从外面看过，如果可以的话希望借此机会入内参观……”

“这个月的专栏稿我们还没收到……”

“那个，我是自由摄影师，那篇名录上没有标明具体的门牌号，我想拍摄西式建筑的作品但苦于不知道该怎么找。可以告诉我吗？”

“您之前拍过吗？”

“没有，看了那篇名录之后觉得都拍出来会很不错。”

就这样，好的坏的来电持续了一周。在这之中，“我叫中根，看到从前设计的建筑连同当初的图稿被报道，觉得非常怀念，想和你们聊一聊就打来电话了。”

“请问是哪座建筑？”

“东洋电影院。”

我缓慢地重复了一遍。

怪人二十面相主动投来线索。几天后，来电人，中根寅男老人便来访了。

“多谢您专门到访。因为那座电影院的建造佚事不得而知，让我们十分苦恼。”

“哪里哪里，我也是已经隐退的人，想着如果能帮上什么忙就好了。”

“那座建筑和您是什么样的关系呀？”

“那是我设计的东西。本来早就忘了，看到报道很怀念，就想起来了。说起东洋电影院在当时也是很有名的。当然，那是电影解说时代，也就是现在所说的无声电影时代了。德川梦生等解说员风靡一时。不像现在的电影院那样，白色的画面和观众像守夜似的在黑暗中眼也不合地默默相对。你应该不知道解说电影的电影院里是什么样吧。”

“是，我是二战后出生的。”

“就和现在热门的剧场一样。舞台前端稍微突出并且向下凹陷，乐手在其中奏乐。主要就是小提琴，有时还带单簧管。解说员在舞台的两侧边看画面边解说，像德川梦生什么的是非常好了。现在虽然有时也在电视上放映弗兰克堺解说的巴斯特·基顿和卓别林的无声电影，但那样的不能算是真正的解说电影。解说员并不是只要出声就行了。那是剧场的中心人物。比起画面的主人公，解说员才是主演。随着解说员的信号音乐响起，画面出现。观众、乐手和画面随解说员的指挥一齐动，融为一体。那种感觉真是美妙。”

“您说是您设计的，那您是做建筑这行的吗？”

“不，我不是技术人员。我是电影院的营业员。对建筑是外行。但是很喜欢建筑。以前在东洋电影院工作，但因为地震烧毁了，受院长之托就设计了。根据营业的经验，知道出入口分别在两侧，检票员在中间之类的。为使用起来方便考虑了许多，在家简单地画了图后请建筑行业的人画成真正的图纸。一个叫西村组的小型企业进行承包。当时是 1928 年，因其有意思而受到了不少关注。”

“当时的图纸之类还有吗？”

“什么也没有留下。总之是我设计的没错了。图纸也许保存在东洋电影院的电气技工那里，但你们不上我那里去吗？说要去的……”

就这样，竣工年份和设计者都有了着落。我在临近截止的《日本近代建筑总览》的文稿上从容地加上了一行。

东洋电影院，竣工于 1928 年，设计者中根寅男，备注设计者是电影院营业人员，非技术人员。在把文稿交给出版社之后，电话响了，“我叫小凑，关于报纸上刊登的电影院，神田的东洋电影院，有些事情想说一下。”

“是什么样的事情呢？”

“其实，那座建筑，是我年轻时做的。”

“那么您是院长了？”

“不，不是那样。院长是一个经历有些奇特的人。他在警视厅负责电影相关的事宜，在业界有些人脉，中途辞职开始经营电影院。我原本是电气技师出身，负责那座建筑的电气施工，顺便做了设计。那个引人注目的有些奇怪的正立面造型正是我的主意。”

“……但是，前不久，有一位来过我们这里……”

“啊，中根君已经去过了吗？”

“他说是自己设计的。”

“那样说的吗？他说要去找你们说，但竟说是设计者。原来如此，可是那不正确。真奇怪。中根君是对电影演出很在行的人，诸如这样做能增加观众量，那样做会方便解说员出入等，倒是提了不少建议。因为他多少算是经营人员，了解下次放映什么，解说员如何安排，宣传册也做得很好，在美术方面也有些天赋。但是说到设计吧，协助是有，像是一些细节上的点子，但整体是我做的。”

“您有当时的记录之类吗？”

“有，有的。设计图纸全都还在。对了，下次我带着设计图纸过去吧。不然现在就过去吧。哎，不过还得准备一下，还是明天登门拜访吧。”

次日，一位体型像矮小的柔道选手一样的老人拄着带节拐杖，小眼睛炯炯有神，抱着旧图纸和照片（图 3-3 ~ 图 3-8），不知为何随同的还有一位女士。

图 3-3 东洋电影院第一套方案

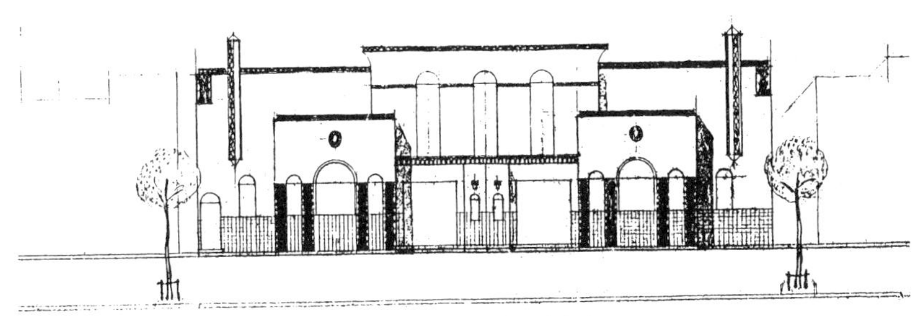

图 3-4 东洋电影院第二套方案

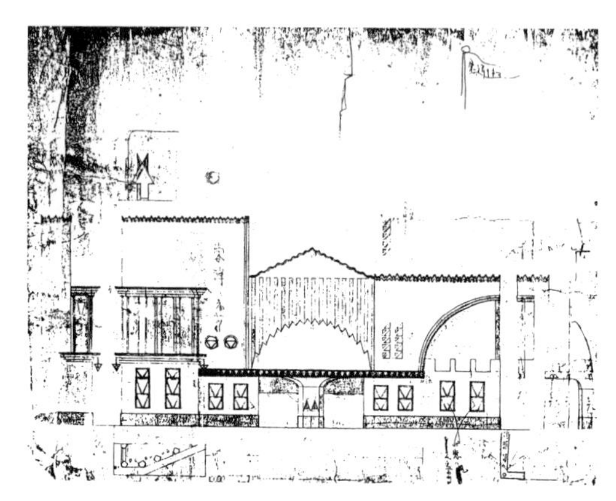

图 3-5 东洋电影院实施方案

第一套方案简单朴实，到了第二套方案正立面有所变化，不变的是左右对称形式的古板感。然而实施方案却一改左右对称的形态，让所有部分任意跃动。与其说是建筑，更像是当时的海报一般的设计。

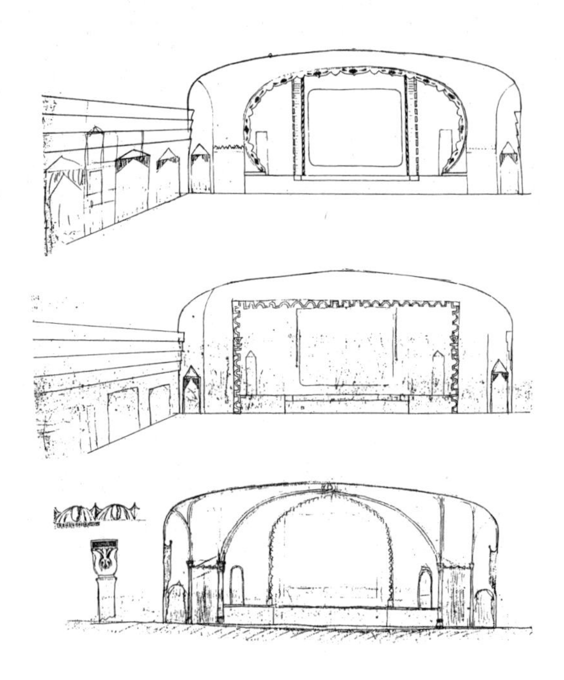

图 3-6 东洋电影院的各种舞台方案

可以看到爱好发明的电气技师想采用废墟所见的各种有趣设计而做了多处修改。

图 3-7 东洋电影院的乐池方案

无声电影和有声电影最大的区别在于舞台上有无乐池。这张是乐池的珍贵图纸。

图 3-8 开业纪念照

左起第三个为设计者小凑健二。这里的照片全都由他保管。

“劳请您大驾了”

“我就是小凑健二。这是我女儿。怕我一个人危险，说什么也要跟着来。我前一阵有些病，已经好了可是家人总是唠叨。尽管我自以为还是现役的工程师，周围却已经把我当成老家伙了。”

“不请自来真是不好意思。因为父亲说一定要来谈谈，我就跟过来了。父亲的脾气正如您所见，老是让周围的人不放心……但是从登上报纸那天起父亲就非常开心。虽然没少让我们儿女操心和抱怨，但想着现在终于知道父亲的成就了，老爷子很是开心。为此全家还在东洋电影院前照了相。这个就是那时候的……”

看她拿出的彩色大照片，正是小凑夫妇、儿女夫妇和孙子孙女一家老小全员身着正装，以破旧的老电影院为背景拍摄的纪念照。此外，这张照片还和报纸一起贴在一张衬纸上。

“各种都有。最成功的是战争时期拍摄航空照片的机器。为了不使大胶片变软，上下用两张玻璃夹住，但我发现了使一组玻璃板具有高精密度的方法。受中岛飞机公司委托承包了一部分军用机的拍摄器。但是请工人的话无论怎么努力也只能一天最多完成三组。军官说他会想方设法调度材料，让我们成倍地加快速度。但熟练工不是说有就有的。工人一旦因感冒休息，我的战友就会一天多死去一两个，所以普通技工也要拼死去做！如此说着把病人强拉来。真是让人为难。不过也背地里让他们休息了。”

“不过话说回来，您作为电气技师设计了电影院这回事是……”

“啊啊，我受托负责那座电影院的布线施工。到那一看，院长对委托给西村组的设计并不满意。而我又有设计大型电影院的经验，提了一番建议，他便说不如你来做吧。于是边学边做。首先去看了当时新建成的受到很高评价的有乐町的朝日报社，让人印象很深刻啊。给人自由不羁的感觉，觉得原来怎么做都可以啊。之后还看了很多德国等国外的建筑图集，也从烧毁的书店里买了几本伊斯兰建筑的书。东洋电影院的锯齿状造型就是受到伊斯兰建筑的影响。总之，这就是最初的方案（图 3-3）。”

“小凑先生被家人抱怨过吗？”

“是啊，因为我的脾气倔，说什么也要追求梦想。我本是发明家，发明还可以，但一到创业，刚有起色时就被熟人骗得不名一钱。也是几经起伏的人生啊。家人劝我停手回归普通的工作，但我还是不死心。现在正在进行的也有一个，却感觉力不从心。不再完成一个，死了也不甘心啊。”

“是哪方面的发明呢？”

“和现在很不一样啊。”

“对，总觉得少了些新意，院长的脸色也不太好。因此有了这第二套方案。有意思多了吧？（图 3-4）”

“不过，左右对称还是有些古板的感觉啊。”

“对，在平面上电影院的正中是大面积的观众席，左右有厕所和休息室等，不管怎么做都会变成中间一块和左右两块的三部分，因此若老老实实依照平面做立面就会变成左右对称。那么干脆就把三部分的立面变换成互不关联的了（图 3-5）。也就是现在的样子。完成时登上了朝日新闻什么的报纸，报道上还写了是什么式的。”

“表现派，或者未来派之类的？”

“不，不是。是个奇怪的外语单词。”

“莫非是……达达？”（你就一句，达达……谁会知道啊）

“不是那个。”

“我了解了那样有着解体意味的立面构成的设计经过，还有一点不明白的是左上方像阳台似的凸出部分。”

“啊啊，那是这座电影院的招牌之一。箭头状的窗户里面的房间是解说员休息室，那个凸出部分是女演员所在的地方。有时会请来在无声电影中登场的女演员和观众见面，作为影迷的福利。夜晚，女演员站在那里，灯光从正面斜射过去。这时女演员浮现在半空中，电影院周围的数百名电影迷挥舞手臂齐声欢呼。随后这些人直接涌入电影院，才能赚钱啊。现在想来，无声电影的全盛期就像梦一样。观众、解说员、乐队、女演员，所有人融为一体。场内的氛围比起电影更接近戏剧。再也没有那种气氛的电影院了……”

就这样，终于揭开了怪人二十面相的真面目。几日之后收到了《日本近代建筑总览》的校正小样，我果断地在设计者一栏“中根寅男”上面用红字注上了“小凑健二”。

第四章　全长 335 米的秘境
——东京站

东京站很可怜，日俄战争后建的很大，这本来就是个错误。它被打了硫磺岛胜仗的美军轰炸机B29盯上，1945年5月25日晚遭到连续轰炸。因为全长有335米，投弹手一定像射击在波澜万丈的大海中游动的蓝须鲸差不多吧。

燃烧弹穿透铜板外层、钢架屋顶和二三层的地板，直到一层，随后炸裂。火车站化作砖砌的灶台，以内部装修为燃料将钢架屋顶熔化殆尽。铜板熊熊燃烧，火焰变成了蓝绿色。

和田荣作的壁画，还有飞翔在拱顶内侧的八只鸽子雕像，不，二战前的话应该是金鸢，全部被烧毁。车站酒店的新艺术风格的大厅也被烧毁了。

大火之后，三层被拆除，重建为两层建筑，小型的临时石棉瓦屋顶替代了原来的大圆屋顶，这简直和爱德兰丝假发没什么两样。但东京站可不是职业棒球选手（爱德兰丝的广告中出现的职业棒球选手是秃顶）。和提到体育就想到国技相扑一样，东京站在建筑界说起来再怎么样也相当于相扑界的横纲，总该束上大银杏髻才行啊（图4-1）。

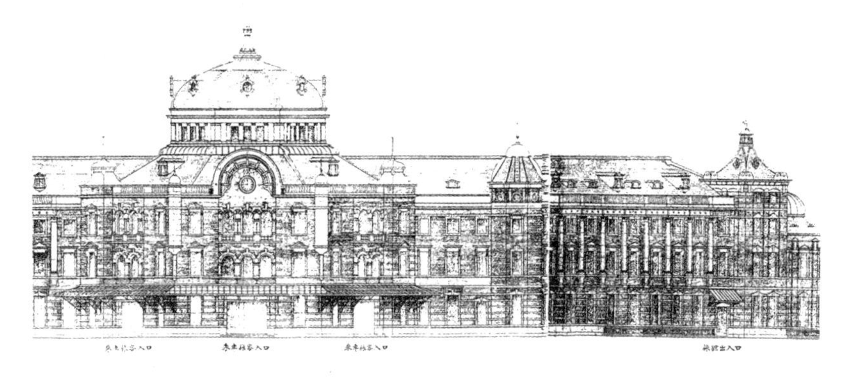

图4-1 东京站拱顶的设计图（松本与作提供）

华丽而威风凛然的八角拱顶被空袭烧毁。希望依照这张设计图恢复原样。

社会上流传着东京站是以阿姆斯特丹车站为原型的说法。但承担设计的辰野金吾建筑事务所和建筑界并没有认同。受这个传闻误导，日本的建筑从业者只要去荷兰便会顺路到访阿姆斯特丹，却无一例外地失望而归。因为无论从哪个角度看都无相似之处。如果说砖结构和大圆屋顶也算是共同点的话，那蝴蝶和蜻蜓在有翅膀这点上也要归为鸟类了。

那可真是无稽之谈。

如此寻找素材的话就无穷无尽了。前些日子，我和来日本调查新艺术派建筑的比利时女士聊天，说到了东京站。

“有像阿姆斯特丹车站一说，真是让人困扰。”

“我经常去阿姆斯特丹站，那太荒唐了。”

“是啊，没错吧。”

“倒不如说和布鲁塞尔车站更像些。”

“……”

阿姆斯特丹不行，就像布鲁塞尔啊。这样下去全欧洲的车站都要说“我是东京站的祖先”了吧……

“那么藤森先生认为像什么呢？”

总之，日本的西式建筑若不是模仿了欧洲的什么就不能死心，她这样的自立恐惧症患者不在少数。

“我倒没有那样想过……”

“那您认为像什么呢？”

“横纲……”

“嗯？”

“横纲的上场仪式。”

“？”

藤森先生一直暗自坚信东京站描绘的是横纲的入场仪式。

大银杏髻般气派的屋顶，两臂全力张开下蹲压低的身子，扬起下巴凝望皇居的中央玄关——如此说来是不是觉得很像那么回事？这样的联想完全没有问题。

这是因为设计东京站的辰野金吾就十分热爱相扑。设计第一代两国国技馆，虽高居东京帝国大学工科学部长之职却将还是初中生的儿子拉进两国的相扑场地让其滚得满身砂盐。他儿子就像从未想过自己会成为从事法国文学那样，居然和末级的相扑运动员较量一番。法国文学气质罕见地埋藏于相扑台中。

自己也好，让儿子做也好，无论耳闻还是目睹，喜好的都是相扑，像着魔一样迷恋相扑的入场仪式。他的处女作是日本银行总行，竣工的时间 1896 年 3 月 22 日成为辰野家的纪念日，每到这天，他便登上院落里的相扑台，腰间系上红色毛巾，将儿子打扮成持刀力士，朝着日本银行的方向庄重地举行入场仪式。

正是如此热爱相扑的建筑师的豪情壮志，想要在东京建造三座建筑——日本银行、东京站、国会大楼。其中，创作的第二个作品东京站设计成向皇居做入场状的样子。

事情到底如何暂且不提，既然对相扑的热爱人尽皆知，那么坦然承认才符合历史观。问题是，发髻在 1945 年的空袭中脱落，车站失掉了横纲应有的英姿。横纲评议会会做何评判呢？国铁逢人便说，“虽然（头发）已经不能束起发髻很可怜，但也只能引退了。也曾有过这样的力士不是吗？”

确实有过，但那似乎只是没有头衔的力士，不能相提并论。东京站可是旷世罕见的横纲。况且并非因为年老而自然谢顶，而是被美利坚的 B29 生生拔掉的，只要加以治疗就会长出来。重新束起八角大圆顶的大银杏，让他再次登上相扑台才能让昭和这个时代圆满谢幕不是吗？

说着说着我就激动了。

对西式建筑迷来说，每当察觉到有一丝拆除东京站的征兆，就会不由自主地慷慨激昂起来。这种情况多次发生，几乎成了条件反射了。

最初提出拆除的，应该是战后因重建日本国铁而闻名的十河信二。当时还有一支名叫国铁燕子的棒球队，铁壁投手金田如折弯玻璃纤维一般连克劲敌。之后这支国营球队变为私营，开启了冠名报纸和饮料的时代。

十河先生拆除了遭遇空袭后顶着假发的东京站，继而提出要将其重建为 25 层左右的高层建筑。那时日本的高层建筑还只被允许做到高度约 33 米，十层左右，因此它将成为日本最初的超高层建筑。建筑界一片叫好。

然而，连当时日本最大的钢铁厂也造不出那么大型的钢架。如果要使钢筋互相连接，则必须由学徒将在炉中烧制的鲜红柳钉从下面往上抛，上面的师傅接住，接着叮叮咣咣用榔头钉柳钉。据说当时还对世上独一无二的钢筋混凝土结构进行了结构运算。

不用计算机吗？ 什么，那个？对，就那样输入了几个月的数据。

当今超高层大楼的柔性结构理论虽然当时在京都地区已被应用，但在东京地区还未被认同，即便被认可了也不能用于钢筋混凝土结构，只能采用相扑力士入场式的刚性结构了。

依照理论计算，再根据计算结构画图，一层为支撑上部沉重的混凝土结构需以 7 米间距排柱，且柱的直径为 1.5 米。这简直就像埃及的神殿一样，人只能从中穿过。这样一来就像为了排柱而建的房间一样，反倒让人不知道是为什么建造超高层了，于是此事告吹。

这番较量，自始至终都是钢筋混凝土一厢情愿的独角戏，最终也以它的失败谢幕，红砖车站得以幸存。

进入经济高速成长时期，这场角逐暂且中断。而它再次展开则是 1977 年的事了，这次我得以在观众席观战。

导火索是由当时的东京都知事美浓部先生点燃的。在一场新闻中心的外国记者见面会上，他阐述了重建丸之内的构想。如果是日本记者的话，会一语带过而开始别的话题。然而尖锐的外国记者却问道：“红砖的东京站打算做何处理？”

东京都知事微笑着尖声答道：“搬到明治村之类的地方即可。”

原本只是随口一说，明治出生的美浓部先生万万没有想到事情会闹到国会上。若说在十河先生那个时代，明治·大正年间的东西还只会被视作过时的旧物的话，此时已是 20 世纪 70 年代了啊，“过时”这种说法已经过时。提及明治的红砖，尽管古老却走在时代的前端。那是“不是时兴，是时下”的盛世。

美国的历史学家在报纸的文化版上发表东京站的保护论，在社会上引起广泛热议，之后成为杂志特辑，最终乘着日本广播协会的电波，以饭泽匡为裁判，在保存一方松贞次郎和拆除一方国铁理事之间展开了讨论大战。真是耗时的一番较量啊 。

最先成为众矢之的的是异想天开的明治村搬迁一说。将东京的门面迁至名古屋的易容术不置可否，且说这如蓝须鲸一样又长又大的砖结构建筑究竟如何搬运呢?

日本有一种古老的水平移动建筑物的“房屋迁移”技术传承至今。以撬杠撬起地基，咬住滚轴，慢慢拉动。全长 335 米的东京站坐在滚轴上经过东海道 53 个驿站渐渐远离东京的光景并不赖。为了讲给儿孙，我也真想去看看途径箱根的风景。

既然房屋迁移不行，还有解体后再运输的法子。将柱梁构件小心地拆除再重新组装，只是谁能拆下来这结结实实的 8 540 700 块红砖呢?

国铁到底也没有再提明治村的事了，转而老生常谈地搬出结构不安全这一招。也不知有多少次用这一招使对手摔出界了。有一座银行甚至因护面石缝隙间渗出锈渣而遭到拆除。可解体时发现那只是为留出缝隙而夹在护面石之间的临时金属物生出的锈，里面的钢筋完好无损。

当然，也不是完全没有钢铁腐烂的情况。拆除一座很早以前建造的钢筋混凝土结构的市政府大楼的一部分，并在钢筋的位置放上弹珠，弹珠咕噜噜地顺着柱中钢筋留下的空洞滚落而下，最后来到市长室的壁炉之中，玄关处弹珠咣啷咣啷。虽说事情是杜撰的，但可见其生锈的程度。

这样的柱梁老化只是个例，东京站广受议论的只有基桩。危险不经鉴定也可知道，但安全则需要鉴定，地下什么也看不见还可能被撞。只要听到厚重的护面石大楼是建在木桩之上的，通常都会同意被拆除。的确，木材埋在土中无疑会腐烂。但是，海上城市威尼斯不也是以建在木桩上的砖结构屹立至今吗？只要有地下水就没问题，这是专家应有的常识，东京站前的邮船大楼被拆除时也意外地发现尽管抗弯强度有所减弱，但抗压强度反而增加了之前的一半。这是由于长时间的挤压，细胞之间的距离被压近，反倒变得坚固了。

东京站的基桩也是松桩。想必他们会以桩的腐朽为由拆除东京站，结果预想却落空。百思不得其解，打探之下才得知，“东京站的基础的确曾是松桩，但已经被全部拆除，在原来的地方建了总武线的地下车站。”

如今东京站是立在钢筋混凝土的地下车站的天井上。

基础没问题，墙体经过关东大地震的考验也没有问题。结构方面也没有问题。

“不，那可不行。屋顶构架不过关。检票口上方不是有大拱顶吗？那是战争之后临时修建的，屋顶只是单薄木材组成的桁架。复原的海军技师说只要撑上五年就可以，才应急而做的。”只保证五年的爱德兰丝假发都能坚持四十年的话，以现在的技术重新扎起大银杏就是不老林生发精了。

拆除……保留……

就在攻守双方展开各种招数时，争论竟不知不觉传到了国会文教委员会。

推搡至此已经足够。最终，在委员会席间，国铁决定“暂不拆除。

将来面临如何处置的问题时就以东京都知事为主席成立委员会，再做出决定。”

较量就此结束。也就是平局。

发髻脱落，又被勒令引退，东京站真是可怜。

虽然西式建筑迷对东京站的喜爱一如当初，却始终对那笨重的身躯和粗糙的五官不以为然。作为个体的人的确承受不了如此巨大的块头。

各位热爱西式建筑的心情完全可以理解。最初我也无法消受，眼球几近被撑爆。这种时候，就请忽视整体而着眼细节吧。请细细观赏那些被人遗漏的角落里的细节。这是喜欢上这个硕大建筑物的诀窍。哪怕是著名的大力士小锦八十吉，只看眼角也是惹人爱的。

为了将信将疑的人，我试着组织了一段不为人知的建筑细节纸上探索之旅，题目就叫“秘境东京站之旅”，在拱顶下集合，入场券 120 日元。

“参团的各位都到齐了吗？今天要参观的是全长 335 米的秘境东京站，为防止迷路，我们请来了著名导游松本与作老先生。松本先生从 1908 年到 1915 年该建筑竣工为止在辰野金吾手下参与了这座建筑的建造过程，现在已是九十六岁的高龄。”

“好，出发吧。”

“首先，请向上看，拱顶类似罗马的万神殿对吧。虽然看上去有些年头，却是战后修复后的样子。由于掉漆，底子也露出来了（图 4-2）。”

“哎呀，那不是铁皮吗。”

“不。这点将稍后说明。（一行人检完票来到 1 号站台的中段。）

各位平日都不曾注意，大厅不远处有当时的铁制的烟囱，在哪来着。诶？好像不知道什么时候被拆除了。（一行人投来狐疑的目光。）啊，对面那端还有一根，我们去那边吧。这个就是高约 20 米，底部直径约 2 米的日本最古老的铁制烟囱之一（图 4-3）。”

“这种事，你是怎么知道的？”

图 4-2 罗马式的大拱顶

二战后，临时按照罗马的万神殿修建。这座拱顶涂漆精细，看不到下面的硬铝板。

“我除了做建筑侦探，还是日本老烟囱的评论家。啊，不好意思，激动了。总之，请仔细观察。”

“上面好像写着……高，高田商会，柳岛制作所，大正二年五月筑建”

“是当时有名的高田商会，是家贸易公司，从事外国的机器、钢铁框架、桥梁类的进口。”

“但是买方为什么是‘筑建’呢？”

“啊啊，高田商社是一家不仅进口，还连同装配工作也承包的不同寻常的贸易公司。可惜也因此倒闭。”

“好，让我来介绍观赏的要点吧。”（大约一半的人掏出笔记本。）

“首先是底部，是不是像裙子一样张开。这正是铁烟囱不同于砖和混凝土烟囱的独特的形状。接着看柳钉、梯子和铁的质感。这可以说是工业革命的美学吧，粗犷而有力。”

“好，下面去看看同样有着工业革命美学的铸铁柱（图 4-4）吧。”

（向 3 号站台的南面移动。大家东张西望。）

“知道是哪根吗？请注意看柱子的上部。”

“找到啦。有卷心菜呢！”

“不是卷心菜，是虾膜花的叶子，蓟属植物，是罗马人创造的一种柱饰。”

“下面是观赏要点。”（所有人掏出笔记本）

“首先，看雕刻的深浅，很遗憾稍浅。然后看是否有铭文，离得近的各位请看一看。”（正在观看远处一根柱子的一个人蹲下来。）

“找到啦。嗯，明治四十一年一月，株式会社东京坚铁。‘坚铁’下面被站台挡住看不清了。”

“明治四十一年，正是这座车站的开工之年。那年 1 月，也就是当年年初建造的……这可是珍稀物品！”

“坚铁是什么？”

“‘坚铁’的意思就是，只要是铁都很坚硬，虽然这样说很奇怪，就是没有比铁更坚硬的东西了。

嗯，站台差不多了，出去看看吧。”（走过通道，向中央出口方向走去。）

“为什么不从大圆顶那边出去呢？”

“进入时可以经由南出口或者北出口的大圆拱顶，但出去就只能经由中央出口了。中央出口是出口中的专家。”（众人一脸诧异地通过中央出口检票处。）

“看！”（用手指向出入口的上方。）

“真不愧是……”（感叹声）

“专家……”（充满尊敬）

“这个玻璃装饰一定没人知道吧，就连我也是最近才注意到。像这样出入口上方拱门处的天窗称为扇形窗，用各种玻璃装饰，但这里采用的是在一张厚玻璃上以雕花玻璃作画的手法”（图 4-5 ~ 图 4-8）。

图 4-3 铁制烟囱

伫立在 1 号线的南角，看上几次就会觉得很不错。

图 4-4 3 号线站台的铸铁柱

将地中海水飞蓟做装饰化处理的科林斯式的柱头装饰。烟囱和铸铁柱也是工业革命的象征。

图 4-5 保存完好的钢架

图 4-6 木材和铁组成的屋顶构架

东京站站台保留着旧时风貌的只剩下 3、4 号线的南端。

图 4-7 站台的楼梯角落

白色瓷砖和角落的石材一如往昔。石材上部不经意地饰有线脚。仔细观察可以发现许多 60 年前的造型。

图 4-8 东京站无人知晓的图画

位于中央出口上方，因被遮挡不易看到。玻璃上刻着二重桥、国会和胜哄桥。

“啊，是二重桥。”

“还有胜哄桥和国会。”（普通乘客也驻足抬头观望。）

“好，问题来了。这扇扇形窗制造于何时呢？”

“我知道，1914 年竣工的时候。”

“错。竣工时确实有这个小检票口，但当时是作为市街铁道（现在的国电）的专用出口，而东海道线等长途车的检票口以北厅为出口，南厅为入口。”

“出入口是分开的，这是真的吗？”

“确实如此。想从南侧出去的乘客被喝令绕到北侧出站。让我们问问松本老先生其中的缘由吧。这么做是为了什么呢？”

“那是七十年前的事了，不记得了。”

“关于扇形窗的制造时间，还有谁知道？”

“听说胜哄桥是在关东大地震后才有的，所以是那之后吧”

“很犀利。画中内容的出现时间正是关键所在。二重桥的前一部分是 1940 年，其余部分是 1988 年，国会是 1936 年，胜哄桥则是 1940 年。一定是 1940 年以后了。”（众人信服，带着充实感向外走去。）

“无论何时看都很大。与其说是建筑物，倒更像一片红砖的街景。松本先生，能否和我们说一说建造时辰野金吾的事情呢？”（众人聚集在松本先生的周围。年轻的参团者用像是遇到神话人物浦岛太郎似的眼神注视着松本先生。）

“没记错的话，设计是距现在大约 80 年前开始的。一天，正从事务所的二层向外看时，辰野先生急匆匆地跑了进来。‘诸位安心吧，我们得到了中央车站的项目！这下工资可以发了’。作为当时刚刚成立的日本最初的设计事务所，正是没有什么工作的时候。”

“设计有多少是辰野金吾经手的呢？巨大的建筑，恐怕不是全部吧……”

“辰野老师有既定的工作方式。亲手画出二百分之一，剩下的繁琐详图交给职员，最后再由自己绘制实际尺寸的图纸。”（听到实际尺寸的图纸是亲自绘制，先是参团者中的建筑从业者一阵骚动。众人听说实际尺寸就是实物大小后也骚动起来。）

“但是这个庞大之物的实际大小要如何检查呢？”

“老师有他独特的方法。举例来说，看，那边二层的壁柱，在组装钢架砌筑砖块之前要从钢架上吊起门板。门板上用墨线画着壁柱的实际尺寸，老师就从下面看着。之后，门板被卸到地面上，如老师对柱子的弧度不满意的话就会叫‘长吉’。这时木工长吉就会用刨子嗖的一下将那里削掉。老师便在削过的地方画上新线。而后是再次吊起。再次卸下。就这样一直叫‘长吉’‘长吉’直到满意为止。”

“真是艰巨的工作啊。谢谢您这段珍贵的故事。下面，请大家列队站好。我们将从中央玄关进入建筑内部。”

“什么？还要从中央玄关回去吗？”

“刚才出来时是中央出口啊。出口和玄关可不一样。出口是一般人使用，而玄关是天皇专用的。”（众人走过弯曲如凯撒胡般的斜路，聚集在中央玄关门前。）

“请看这扇锻铁制门。这是辰野金吾从草图到实际尺寸图亲历而为的得意之作”（图 4-9）。

“啊——这就是得意之作啊。”

“就当是‘那可真是’的意思吧……反正我也……那可真是，总之我们进去吧”不知为何众人毫无声息地经过了厚重的门（图 4-10）。

图 4-9 天皇专用玄关的大门

造型是相扑裁判的指挥扇的变形。

图4-10 天皇专用玄关的内侧

内饰全部被烧毁，只有这里保留着从前的风貌。时间仿佛停止。

“后面的人请排好队，这可不是能轻易进来的地方。前进。好了，止步。”（止步之处，入口浮现，从这里开始，一条铺有红地毯的昏暗通道笔直地伸向内部。）

“这就是天皇专用的地下通道。经由这里，可以直接通往从1号线到新干线站台的任何地方。”

“也就是说，皇居的中轴线贯穿车站并将站台，乃至新干线站台都串联起来了啊。”（众人纷纷点头。）

“果然名不虚传。那么，让我们上到最高层吧。”

“中间各层不看了吗？”

“空袭后内饰被烧得精光，因此中间层就跳过吧。”（众人来到二层的阁楼。眼睛适应了黑暗后注意到脚下厚厚的灰尘，头上是临时搭建的寒酸的木结构屋架。这异样的氛围让人一时说不出话来。）

“真是煞风景啊。”

“确实恶劣。空袭之后拆除三层变为阁楼的正是这个部分。”

“咦，还有鸽子睡在这里呢。”

“成木乃伊了。”

“我说，看这块砖——焦黑焦黑的。”

“啊？嗯——（蹲下来查看墙的下部。）这是当初填入砖墙的木材遭受强烈的热气碳化而成的。”（众人感叹。）

“东京大轰炸，原来是真的存在过啊。”

这也是我第一次看到遗迹。这就是东京大轰炸的遗迹啊。战后的四十年，时间仿佛静止在这阁楼上。

“感觉就像是时间的墓地。”

“接下来我们往拱顶那处去。和这里一样，那里也是空袭后重建过的。”（众人来到支撑八边形墙壁的内侧走廊。）

“穿过这条走廊的天井洞口，就能进到圆顶和石板屋顶之间的阁楼了。因为空间很窄，小心碰到头。”（众人钻入天井洞口，靠着手电筒的光亮开始攀爬拱顶内侧。一只小爬梯随着拱顶的弧度而渐渐变缓。）

“请务必踩实爬梯。注意不要踩掉爬梯下的硬铝板。要是一脚踩到拱顶外面，下面的客人就要吓得魂飞魄散了。”

“为什么要在这种地方使用硬铝板呢？”

“战败后，被委任修复东京站的是原来海军的工程师们，海军解散时把保管在军用仓库中的航空专用硬铝板搬了出来，像是带小礼品似的带到东京站。”（圆顶和石板屋顶之间的空隙越爬越窄，只好匍匐着前进。）

“屋架的木材真奇怪，一开始以为是方木，仔细看发现是薄薄的板材。这样的屋架能行吗？”

“说的是，通常是不行的，但这种特殊情况下却是行得通的。战争期间为了节约木材，用螺栓和榫钉连接固定单薄板材的应急技术被开发出来，这里就应用了这种技术。为了以木材代替钢架建造飞机库一般的大跨度结构，它应运而生，这是战争期间的特殊结构。”

“原来如此，也就是说，海军飞行队的机场直接被搬到了这里。”

“就是这么回事。原本应该成为零式舰载战斗机机翼乘风翱翔的金属板，偏偏委身于此度过余生。就算是这薄板屋架，原本也是遮盖零式战斗机的，如今却沦为拱顶建材的命运。”（众人保持匍匐状默不作声。）

“在末班车出发后，车站冷清下来的时候，上面的木材和下面的硬铝板会聊起久远年代的往事吧。”

“说不定还会感悟和平。”（爬梯接近水平，与其说是攀登不如说是在爬行了。空隙已经窄到容不下人了。）

“好，我们到了。这就是拱顶顶端了。虽然我已经做了很长时间的建筑侦探，但到拱顶上面来还是第一次。这是初次登顶。”（一个小拱顶像碗一样轻巧地扣在大拱顶的顶端，从两者的缝隙之间向下望，出入检票口的人们只有豆粒般大。）

“嗨。”

“没人注意到这里。”

“喔，有一个人抬头看了。”

“好了，各位，登上顶端后，‘秘境东京站之旅’就到此结束了。欣赏下面的风景也好，吃便当也好，请下去时注意不要踩掉硬铝板，也不要在黑暗中迷路。那么，后会有期。”

旅行团解散了，但东京站的游览却并未终结。白天的团体之旅已然结束，而日落后夜晚的二人之旅即将开始。

我们住进了酒店。

很多人都不知道东京站和酒店建在一起。虽然可以说是现在的车站酒店的鼻祖，但是和当今车站前的酒店不可同日而语，它是实实在在地嵌在红砖车站的主体之中。从正面看去右侧的二层部分是酒店专用楼层，里面从餐厅到宴会厅一应俱全。即使是知道这些的人，仍会惊讶地说："这酒店可以入住？"

确实，不论是酒店位置还是建筑风格，都很难让人想象在大厅里和人碰头的情景，更别说入住了。但事实就是，谁都可以入住。

即便如此，面朝皇居，丸之内的商业街就在眼前，1 号线到 12 号线，以及新干线的 17 条日本国有铁道集结在背后，在这个作为日俄战争纪念的建筑中，虽说是酒店，但两人泡在浴缸里或是身穿浴袍懒散地躺着还是不太合适。这里的床头也会摆放着写有"请在前台结算"的小型冰箱吗？里面有"ARUKIN Z"和"One Cup 大关"（日本的饮品）吗？疑问一个接着一个，好奇心不断膨胀。

在好奇心的驱使下，两人尽管内心充满抗拒，却还是穿过了东京站酒店的入口。好奇心这东西真是太可怕了。

一开门，不用说，就看到前台。手拿建筑示意图，可以选择丸之内或是站台之中的任何一侧入住。机会难得，便选择了站台一侧。205 号房间。

登上硕大的楼梯，来到宽阔的走廊。即便打不了网球，作为乒乓球的场地也是足够大了。大到令人产生疏远之感，让人不禁想起村立宫川小学的走廊。今天可不是为了在走廊上罚站而来的。不是为了罚站……不，是为了侦查酒店内部……总之，进房间吧。

房间与平常狭窄的商务酒店不同，非常宽敞，虽然没有到放学后的教室的程度，也多少让人感觉空荡荡的。配备齐全的浴室也大得异乎寻常，浴缸巨大，更像是专用的，比如食堂的冰箱、学校食堂的大锅，或是医院的床铺等大而实在的用具。因为太大，所以让人无法自在地泡澡。嗤嗤搓一通，好了，下一位，交接。

换上浴袍躺到床上，舒展四肢望着高高的天花板，那感觉就像成了国王一样。都说古典酒店的好处就在于房间空间极大，原来在东京也还存留了这么一家。虽然是有些仓库的国王之感。

重新环视整个房间，才注意到和入口相对的墙上有窗户。有窗户就一定有风景，但那却是让人想象不到的风景，以至于让人没有意识到窗户的存在，那光景能让人发出迂回曲折的感慨。

有窗户就一定有风景。如此理所当然的事情在这里却让人惶恐。通常酒店窗户里的风景有几种，在这里将更为详尽的描写交给田中康夫，简单来说，度假酒店的话一定是海边或群山，城市酒店的话就一定是霓虹灯和金融中心。但在这里，无论是海还是山，或是城市灯火都不可能出现。

尽管如此，还是有窗户。既然有窗就不能不打开，也好对建筑侦探的委托人有一个交代。

拉开蕾丝的窗帘，触碰到嵌有磨砂玻璃的古老推拉窗，因为很少有人打开而略显发涩。最终还是打开了它（图 4-11）。

图 4-11 打开车站旅馆的窗户就能看到 1 号线

这张照片是白天拍摄的。（《铁》编辑室提供）

风景在眼前展现。直线距离约 14 米的地方，就是掷出烟灰缸也能到，竟是国电中央线的始发站台，身着西装的上班族排成一横排面向这边站在那里。而在这里的却是穿着浴袍站在微暗房间里的我。这算什么情况呀。那感觉就好像跌入了子空间的空隙之中，红砖建筑物和站台不知不觉消失，只剩下自己和上班族们在看客散去的昏暗舞台上，沐浴着月光相对而立。

尽管相对，站台上的人们却没有注意到我的存在。一个上班族将右脚从鞋中伸出在左脚的鞋背上蹭着，同时偷看着右侧的人展开的富士晚报。右侧的人则不时地合上报纸，闭上眼睛并抬起头。左侧隔着三个人，一个女职员从包中拿出粉盒打开，却连看也没有看一眼便又收了起来。中年人打了个哈欠。过了一会儿旁边的人也打了一个。哈欠两三个成一串，像泡沫一样出现又消失。

这光景早已不知看了多少次，却又像是第一次看到，和透过玻璃观看海底一般新鲜，欣赏站台电视剧。

正这么想着，轰隆隆，橙色的电车滑行着介入西装和浴袍之间，国电中央线的站台电视剧就此结束。

似乎在这个酒店，两个人住也变得像一个人住一样。也许东京站就是这样的地方吧。

12 点 35 分，耳边传来开往三鹰的国电中央线末班车的声音，我也钻进了被子。

即使什么都没有发生，早晨也总会到来。我在迟到的电车鸣响声中睁开眼，去往建筑物南端凸出的餐厅。坐在窗边的座位上喝着咖啡，望着窗玻璃那边橙色的中央线、绿色的山手线、浅蓝色的京滨东北线来来往往。那感觉就像坐在陌生码头的座椅上悠闲地望着船只出港返港。

哈哈，旅行必到东京站。入场费 120 日元，住宿费 9950 日元。

第五章　发现皇居

——皇居前广场

皇居在东京。我竟糊涂到七年前才察觉到这一事实。

诚然，和同伴们结成东京侦探团后，已将皇居周边从丸之内到麹町、神田走了个遍，却不知为何在这番实地考察当中，皇居的存在感低得惊人。至多觉得樱田门的堤坝和平河门的石墙很美罢了。我们建筑侦探探寻的是隐匿于城市的西式建筑而非皇居，这倒也可说在情理之中。

“未发现皇居”的失误，即便是单手拿相机的建筑侦探不可避免的结果，却是作为理应对东京这座城市有着深度思考的文学研究者和评论家的失职，这使侦探十分愕然。

最近，假如将成堆的有关东京的书籍从角落里一点点拆除，滚落下来的恐怕全是街巷的人文主义、闹市的符号论、近山的小市民论以及河川池塘的话题，而无论怎么挖掘也不见皇居的踪影。如果从国会图书馆只选出东京相关的文字数据制成东京地图，肯定会为正中央一带出现空白部分而感到困惑不已吧。

为什么现代日本的东京论会在皇居缺席的状态发展呢？

我猜测，皇居对于文学从业者和评论家来说，实在是太大了。就如同浮出钓鱼池水面的鲸鱼一样。展开地图就会明白，若把皇居看作不动产的话，是“日照良好、绿植茂盛、交通便利”的理想私人住宅，并且是日本第一大，确实不是文学从业者可以买到的物件。即便是卖方，面对这等的交易也很困扰吧。

侦探和文学这类靠眼和脚吃饭的职业总归还是有它的极限，无法应对太过庞大的东西。

而我翻过这面墙，初次遇到皇居，是在纸上。

和侦探同伴像小狗一样游荡在城市中的同时，我以近乎分裂的心理状态独自一人孤独探寻着“东京是如何建成的”这个有些过时的题目，并偶然发现了明治时期的东京改造计划，被称为“市区改正计划”。阅读会议记录，发现竟有关于如何利用江户城遗迹也就是皇居周边的荒谬讨论。涉泽荣一主张将石墙拆除并填埋护城河，改建为商业街。简直就是把皇居放在自己的手掌上摆玩的感觉。

感慨着明治时期的人心胸之开阔，不知不觉也被他们影响，从侦探一下子就变成了警视总监，从高空俯瞰历史，写出了《明治的东京计划》这本有些沉闷的书。这本书中出现的元勋们的东京改造计划，都是一些计划者想必觉得很有趣，但计划一方却无法接受的大胆的内容。不管怎么说，在写作的过程中了解了“皇居坐落于东京的正中心”这件事情。

从那时起，建筑侦探蠢蠢欲动，产生了前去调查一番的想法，但面对如此庞大的对象总很难做好心理准备。

通常，第一次看一座建筑时总会事先想起一些以前看过的类似建筑，以此完成心态上的热身。这样一来，期待喷涌而出，以好似相扑对峙般的亢奋心情面对建筑。

初次面对一座建筑和相扑很像，看的一方获胜还是被看的对象获胜，非此即彼。如果对于建筑的风格、年代、社会性和历史性产生，“从这个椭圆的装饰看来这一定是大正时期的作品。”或是“个性强烈的曲线多半是出自弥涅尔瓦建筑会时代的关根要太郎[1]吧。”或是“进入昭和时期老鹰装饰代替狮子多了起来和飞机的出现有关系吗？”等，掌握了专业知识的话就是观看者的胜利。

“这种稻草屋顶的俄国东正教教堂在日本是首例吧。”像这样发现了新的事实的话，就要给观看者颁发特殊功勋奖了。“住在这种窗户若有似无的房间里的山县有朋还真是本性阴郁啊。”像这样发出无聊的感慨的话，就是英勇战斗奖。总之，只要产生了在侦探记事本上写点什么的想法，就是观看一方获胜。但若是面对建筑，却无任何知识或是想法，

---

1 关根要太郎：1889—1959 年，日本建筑师，以“青年风格”（19 世纪末的慕尼黑分离派所主张的建筑风格）的现代主义设计著称。曾于 1919 年成立弥涅尔瓦建筑会（Minerva Society）。

仅仅是站在前面的话，就是被建筑打得满地找牙的惨败了。

回顾至今为止的竞技生涯，胜负往往在对峙之时就决定了。早上起床时，即将看到之前没见过的建筑亢奋心情盘绕在肚脐附近，在电车的晃动中升至胸腔处，在车站前问路的过程中到达喉咙，按照指示拐过一个转角的瞬间从口中喷出——如果不是以这种状态前往，怕是很难在对峙中获取优势了。

但皇居就难办了。因为在全日本只有一个，即便想回忆以前类似的比试热热身也无从下手。就算问同伴，也没有曾和皇居较量过的人，无法分析对方的招式。虽然知道是需要有特殊觉悟的对手，但对这觉悟到底是什么却毫无头绪。要是使错了劲就很可能会导致奇怪的结果，在早餐的交谈中，我只说了一句，

“我对皇居有兴趣。”

妻子就像见了什么鬼怪似的眼神突变，并将川宁金罐换成了黄色的日东茶包。结果，对峙的气势骤减，不管怎样也前往赛场，进入了东京站酒店丸之内一侧的房间。204 号房。这和之前在《秘境东京站之旅》中住过的是相反一侧的房间。这次是一个人。之所以要这样绕远，是想着如果把准备工作做得很隆重的话之后的气势会不会恢复一些，于是首先进入了赛场下的力士休息处。东京站是作为天皇家的车站而建的，这座酒店也可以说是东边的休息处了。

在休息处的床上盘腿而坐，透过窗户赛场进入视线，望见暮色之中的丸之内商业街。在那中间，一条宽阔的马路从车站通往西边。在马路尽头黑黑的一团，就是明天的对手了。

这样一想，肚脐附近便开始产生了些许的紧张感。但同时在那一瞬间，我也注意到了一件奇怪的事情。

“哎呀，没有霓虹灯。”

无论大阪、京都还是哪里的车站前，太阳一落山，霓虹灯就会照亮

城市，但在这个车站却随着日落完全陷入黑暗。这不是和乡下田野中的车站一样吗？东京站这是怎么了？

想着“该不会是……”从床上一跃，走出酒店，向丸之内口另一侧的八重洲口方向走去。果不出所料，这边的车站前，“明日天气”的日本地图、“美酒烂漫”“NIKONIKO 信用卡”，还有“中山式腹带”等数十个霓虹灯闪闪发光。只有丸之内一侧没有霓虹。如果以有无霓虹来区分城市和乡村的话，那丸之内口就是乡村了。虽然我也认为这一定是由于某种意志决定的，但与其说是由国铁和三菱地所等与这个车站密切相关的组织的意志决定，倒不如说是霓虹灯与东京站丸之内口不相配。

这样一来，明天的对手确实让人生畏。气势涌上来了。

接着，天亮之后的转天，我早早地起床后一拉开窗帘，一幅不像日本的光景跃然眼前。丸之内大厦等高层建筑沿着宽 91 米的“行幸道路”整齐排列。

然而一看到丸之内大楼，好不容易酝酿的对峙紧张感瞬时垮塌。不，并不是丸之内大楼的错。都怪赤濑川原平先生。在因为什么说起丸之内大楼时，这位在大分长大的插画家这么说过：“当我为了考入美术学校第一次来到东京，在东京站前看到丸之内大楼时，真是吓了一跳。因为它不圆啊。竟因为那种程度的圆角就称作丸之内大楼，大城市的人真会虚张声势啊。”由于这番话实在太可笑，回到家讲给妻子听，在神户长大的她这么说道：“是嘛，我觉得圆到那种程度的话叫丸之内大楼也不奇怪啊。”一想到这番话我就没了气势，得重整旗鼓。

高层建筑沿着宽 91 米的大道排列，如同巴黎的凯旋门大道一样宏伟。这条大道形成于 1914 年东京站建成到 1923 年丸之内大楼建成这一期间，是大正时代（1912—1926 年）的产物，但从空间质量来看，是威风凛凛明治的圣子。

明治的东京改造计划深受拿破仑三世的巴黎改造计划的影响，提出了什么皇居四周呈放射状的大道、通往日比谷的“天皇大道”和“皇后大道”交汇后通向皇居的“日本大道”等不得了的美丽大道计划，虽然最终全部停留在梦的阶段，但看来这梦的延续到了大正时代在东京和皇居之间的短距离间得以实现。从行幸道路这一响亮的名称似乎也能感觉到明治时期的宏伟气魄。好似拿破仑三世时期的巴黎有 450 米长的部分搬到了这里一样。

大概是因为这个缘故，背对东京站面向皇居走在行幸道路的中央时会产生一种奇妙的错觉。一开始是一个人默默地走，但在经过丸之内大楼附近后多出了许多人，到最后产生了大家列队齐步行进一般的感觉。或者说，变成了不那样就无法像样地走的心理状态。真是气氛十分严肃的大道。

但在穿过丸之内商业街，行幸道路终于进入皇居外苑的瞬间，竟十分失落。从来时的气势来看，这前面应该有石板地的大广场，在它对面伫立着标志性的巨大的门或者纪念碑才对，可什么都没有。只有砾石路和黑松林。要从行幸道路走到皇居正门的二重桥前，要么辗转穿过黑松林，要么以散步的心情边欣赏两旁的石墙和黑松林边走过护城河畔的砾石路才行。

行幸道路和皇居外苑在美学上呈现出完全不同的场景。一侧是拿破仑三世的巴黎，另一侧却没有想象中应有的空间。虽说和伊势神宫还有京都御所不无相似之处，但在日本的传统中真的有黑松和砾石的组合吗？也许这组合在明治以后意外地诞生于此。

沿着皇居前广场的砾石路朝二重桥迈出步伐的一瞬间，发现这路确实非常难走。砾石层很厚，鞋会陷进去，有 85% 的迫切心情转化为前进的能量，剩下的 15% 都被发出咯吱咯吱声响的砾石吸收了。环顾附近的游客，尽管他们的脚腕使劲往前，但整个人却看起来像是在不紧不慢地散步，这太奇怪了。因此，不论走路的人们心情如何，广场的整体氛围是悠闲缓慢的。总之，看上去呈现出一种与皇居十分相配的恬静，或者说是从容。

只是如此难以前进的话，想要在这里到处走走的人一定会很困扰吧。比如慢跑和游行队伍之类的。

而砾石影响的不仅是速度。刚开始走时我还观察着四周的景色和人群，听着脚下的咯吱咯吱声，后来视野却逐渐变窄，视点只得固定在前方两三米的地方了。举着小旗的旅行团也是同样，最初还闹闹哄哄，慢慢地也不作一声地埋头前进了。咯吱咯吱的砾石声中似乎有着某种奥秘。一旦传入耳中，就将其他思绪驱赶出去，头盖骨被这声响填得满满当当。明明是大白天东京正中央的广场，却产生了冬天夜晚独自走在雪地上的感觉。

行幸道路越走人越多，而这里却是走着走着就变成了一个人。寂寞的日本。

走了大约十分钟，砾石声完全钻入耳朵和眼睛还有身体时，砾石声逐渐变小乃至消失，我忽地清醒过来并停下脚步。一抬头，看到了二重桥。既然有二重桥，这里就一定是终点了，然而却有种被搪塞一般的感觉。从雄伟的东京站一路走来就只能看到这些吗？出乎意料地少了些让人陶醉的景观。

尽管这里是皇居，却仅仅有两座古旧的桥而已。桥是用来通过的，不该是攀爬到顶点后的景色。至少要有高耸的石塔或是铁制的大门，作为一种象征仰望以获得满足，然而却没有任何那种威风凛凛的建筑物。并没有像凯旋门、方尖碑和大教堂那样将力量具象化的物体。回顾这次行程，起点东京站的体量最大，越接近皇居反倒越来越小了。

若说皇居前和县政府前或城市公园一样，又完全不是这么回事。虽然没有体量放射出的震撼，却充满了在这里擤鼻涕或开玩笑等不能做这些事的压迫感。这种压迫感从护城河深处水和植物相接的地方涌出，笼罩着二重桥，并倾泻在二重桥前的广场上。这里以气场替代了体量。只是，到底是什么发散出的气场呢?

皇居实在让人感觉累。我经受不住行幸道路拿破仑式的紧张感和二重桥前的可疑气场的正面打击。要是倾斜身体使个绊子就好了,却因为性格的原因,才刚受到正面攻击后一不留神又被战后民主主义闪了个趔趄。尽管打了个趔趄,却更激发了建筑侦探的好奇心。我看到许多不知该说不像皇居还是皇居独有的奇妙景象。

首先,坐在二重桥前的两个老头就十分引人瞩目。拍摄这张照片是在一座石结构的警察岗亭,在它的旁边两个身材矮小的老人坐在两把圆椅子上。因为和警察说着话,想必一定是得到准许的,但却完全看不出来这两人在这里被准许做什么。总之,像寻常的小学校工在午休一样,只是笑呵呵地并排坐着。胳膊上戴着 “皇居外苑保护协会”的袖章,感觉是捡拾垃圾纸屑的环境保护志愿团的相关人员。因为知道二重桥一带没有放置垃圾箱这一事实,所以我认为这两人一定和这类事情有关。然而,一人似乎不知该将橘子皮如何处置于是近前询问, “保护协会”的两人却摇头不予理会。咦?原来不是保持皇居美观的协会人员啊。正目瞪口呆时,他竟把橘子皮往那一扔便走了。两人仍然佯装不知地坐着。到底是保护什么的,这两人一定有些名堂(图 5-1)。

不管是什么名堂,两个老头的存在是被公家准许的,而之后还遇见了怎么看都不像是被准许的存在。

在行幸道路进入皇居外苑的地方,立着一块刺柏做的颇有风度的牌子, “历史遗迹江户城旧迹”。“江户城是……现在本丸、西丸、吹上等区域为皇居……它是我国具有代表性的景观,于 1960 年 5 月 20 日依照文化遗产保护法被指定为历史遗迹。”如此这般写着。恰好在它前面的栅栏上拴着什么奇妙的物体。自行车的前半部分和两轮推车组合而成的一种三轮车,因两轮推车部分有一个座位,和东南亚的电视新闻节目中出现的三轮车很像(图 5-2、图 5-3)。但和真正的三轮车不同的是,它似乎是用收集来的下脚料自己制作而成的，无论是铁和铁之间的连接还是木材的加工都像是即兴发挥，那种随意之感实在像小学的图画手工课，令人觉得有趣。尽管如此，形态却像模像样，在车身的尾部还有写着“TOKYO No.1”的自己做的车牌号，车身的头部，其实也就是自行车前面的车筐，写着“GLORI”和“1600”的两张牌子用金属丝固定在那里（图 5-4）。1600 是“TOYOTA 1600”那种 1600，而 GLORI 多半是 GLORIA 少了一个字的残次车吧。

这很容易让人误以为是曾经的前卫艺术品或者收废品的人的遗落物，但它却并不是艺术和废品一样可有可无的东西，而是有实用价值的，车身上用油漆大大地涂着“Imperial Palace 轻松游览东京”这句宣传语，更不忘明确地写着“1948—1983”这一令人自豪的业绩。“可到达银座、日比谷公园、东京塔……”，但真的能用这个手工课作品到达东京塔吗？（图 5-5）。

图 5-1 皇居外苑保护协会的两人

每次去都能看到老人或年轻人两人一组坐在那里。今天是年轻人，不是为何穿着白衣。还有一辆拖车。

图 5-2 长驻皇居的三轮车

从石墙、立牌和三轮车三位一体的风景中似乎可以感受到四十年的岁月。

图 5-3 三轮车的风貌

各部分被清洗一新，曾经瘪下去的轮胎也鼓起来了。它还能骑，希望能一睹实况……

图 5-4 飞驰的 GLORI1600

图 5-5 三轮车的后部

日本只此一辆，1948 年制造。

三轮车这种有些历史的物件和蓝地白漆的英语组成的景象，实在说不上是现在的东西。是吉普、GI[1] 口香糖、麦克阿瑟等那个时代的。的确是 1948 年制造的。

等了很久，也没有见到三轮车的主人，于是我向附近地下铁通道的居民询问。

“会在早上九点左右来的。已经做了三十多年了，可能因为今天天气不好休息了吧。”

总之，在这皇居前，从占领时代开始，有一个拉着“GLORI 1600”奔走谋生的人。这一带管理很严格，从只要两三人聚在一起蹲下小声说话都会引来警察，那为什么三轮车的非法经营就可以获得许可呢？

向二重桥的警察先生问起这件事，他便说：“许可？我也不知道。那个老爷爷是从很早以前就开始在这一带走动所以……但是最近也没怎么看见他呢。他年岁也不小了。”

警察先生是以和善的眼光关注着老人的生计。在其他公园和公共场所，以私人盈利为目的的活动一定会被驱赶的……这种现象也许从根源上和皇居这种地方的特殊性有一定关系吧。

皇居前面是天皇家的前院。因此需要施行不放过任何一个可疑举动的严格管理，但现在已经不是战前将天皇看作是活着的神的那个时代了，一味严格的话也不符合战后天皇的身份。这四十年来天皇是以“国民的天皇”的角色出现在民众面前，他的住宅前院也向国民开放，而且是充满仁爱的地方。

若是像最高法院和首相官邸周边那样只讲求严格的“管理”，或是基督教教堂那样只是从天而降的“仁爱”，就简单了，但皇居前需要的是“管理”和“仁爱”的相互配合，虽不知这是宪法的规定还是天皇的

1 GI：The G.I. generation，又被称为最伟大的一代，二战一代，通常指出生于 20 世纪初到 20 世纪 20 年代中后期的一代美国人。

个人追求，但就是如此。而说是这两者的相互配合，也是十分奇妙的配合。从管理的角度来说，可疑人物和居无定所之辈理当立即驱逐，另一方面，从仁爱的立场来说，对乞讨者和流浪汉投向温暖的目光才能显示出一视同仁的慈悲。

广场管理人员似乎也相当在意这种配合之间的平衡。广场入口处的牌子上文字的用词也是乍看不解其意的含糊表达。

“禁止居无定所者携带行李（纸袋等）入内。”流浪者和乞讨这类的说法的确和“仁爱”之所不甚相符。也不像“严禁携带物品入内”那样紧紧相逼，而是用“禁止携带行李入内”这样温和的敬体表示“允许进入，只是不能携带行李入内”，由此可见管理人员为“管理”和“仁爱”之间的微妙平衡所费的一番苦心。

在皇居前广场发生的大多数事情都能够以“管理”和“仁爱”其中的一个原则检验。平时作为检验对象的人们可以分为两类，一类是楠公铜像[1]前的茶室、纪念品店以及二重桥前的照相馆那样长年驻扎于此，做一些面向游客的小生意的人们；另一类是每天不知从哪里来晒太阳的流浪汉和乞讨者们。前者因具有固定性，便将其作为“皇居外苑保护协会”的一员并发放营业许可，使其成为“管理”的一环，后者虽是“非定居者”，但因其既不做买卖又不作恶，施予“仁爱”。

然而，只有三轮车的老爷爷是个例外。首先他做生意，并且不仅在这里，甚至还去周边的酒店和景点，固定性弱，最重要的是虽说是做生意，却在晚上把手工制作的三轮车拴在公园的栅栏上后自己回去，流浪性过强，以致无法将其纳入“管理”一侧。而要说他是流浪汉，他却携带着远远超过“行李（纸袋等）”的手工作品进行买卖，因此也不能视为“仁

1 楠公铜像：楠木正成的像。楠木正成是镰仓时代末期至南北朝时代的武将，以计谋战略见称，后世封为大楠公。楠木正成像是住友财团 1904 年献给宫内厅的，被放置在皇居外苑的广场后成为东京都内的一个代表性铜像。

爱”的对象。看来，三轮车老爷爷在战后的近四十年，一直骑着“GLORI 1600”奔走在支配皇居前广场的两大原则的缝隙之中。

说到缝隙，实际上还看到一位比老爷爷更厉害的老奶奶。老爷爷奔走于管理和仁爱之间的缝隙，老奶奶则是在绿篱和花木之间。

在行幸道路刚跨过护城河的地方向右转，沿河畔向竹桥方向走上一会儿，就看到道路和河之间有立着无名大铜像的三角形的小公园，在它的绿篱的那边蹲着一个人。她在被绿篱和花木包围的约 3 平方米的空地上到底做什么呢，惊讶地望过去，只见一位身着围裙、微胖的老奶奶手拿园艺铲不停地挖土。开始以为是在除草，但却没有一根草，而是整整齐齐的田垄，其中一部分田垄还冒出了青色作物的嫩芽。发现有人在看她，老奶奶便缓缓起身，手中牢牢地抱着收获的田地作物往神田方向离去了。晚饭是青菜味噌汤。

剩下我一个人站在原地注视了田地许久。

皇居前广场的农田？！

“犯人”很可能是神田商业街的亲切老奶奶，平日在路边搬出塑料筐培育欧芹和鸭儿芹，但在遛狗的途中发现了护城河边围栏那边的空地，觉得不用可惜便埋下了种子。从发现空地一下飞跃到直接耕种的行为可实在是了不起。从前有一种叫“直诉”的直接向天皇申诉的方法，这个就是直耕了。

即便是狗，不走一走的话也不知道会遇到什么。遇到在皇居前广场的三轮车老爷爷和农耕老奶奶，实在是让我大开眼界。

眼界大开的同时，我的身体也变得十分轻盈。无论是沉至地下，细数二重桥装饰灯上的狮子爪数，还是升到 300 米的高度，考察皇居、丸之内和霞关像丸子般串联相邻的形态，我都一样投入。观察无贵贱。

我不断上升，直至 200 万米左右的高度，日本列岛 2000 千米全部进入视野。人类卫星飞起来。来到这里，那么，东京是什么？就像一个人只要坚信自己有着不同于其他人的特色就可以感觉到自己的存在一样，一座座城市如果也有那样的论据的话，东京是因为什么才成为东京的呢?

从 200 万米的高处眺望，可以在京都、大阪和名古屋的相应位置看到同心圆，但在东京看到的却是同心的矩形。据说一国之都必定如此。在这里，国会议事堂、最高法院和行政机关三座代表权力的建筑物三足鼎立，办公区以及商业区也聚集于此。但是在地方城市，也有县议会、地方法院和县行政机关，也有不比东京逊色的办公区和商业街。在这方面再仔细调查，东京和地方也只有量的差异而无质的区别。

那么，到底东京有而其他城市没有的东西是什么呢?

皇居。对，正是这个地方使东京得以成为东京。我在 200 万米的高空想到。再将高度稍微降低，在脚底可以感觉到地表温度的地方，皇居是不输龟屋万年堂 Navona 甜点的东京特产。这种说法也许更接地气。但是，这一特产和京都的金阁寺以及名古屋城不可等量齐观。诚然，在当地人从来也不去这一点来看，它和名古屋城还有金阁寺是一样的，但无论东京人去不去二重桥，皇居仍然坐落于东京城市活动的中心，这就是它区别于其他地方的独特之处。

皇居的前身江户城是德川时期建设于各地的城之一，但在布局方法上却和其他城截然不同。在仙台、名古屋和大阪，城坐落在偏离城市中心的位置上，唯独江户以天守阁为中心，四周层层围绕着平民区、家臣的宅邸以及寺院。像卷心菜的菜叶、蜗牛壳、双六[1]一样，城位于城市的终点。

从江户到东京这种中心性有增无减，山手线和武藏野线这些东京的

1 双六：一种棋盘游戏，起源于埃及或印度，奈良时代以前由中国传入日本的一种室内游戏。盘上各置 15 枚棋子，一方为白，一方为黑，通过从筒里摇出的两枚骰子的点数来行棋，全部棋子先进入敌阵一方为胜。

环状铁路以皇居为中心绘出同心圆，从山手线各站向郊外发出的私有铁路和国电也全部从中心点呈放射状。道路也一样，东京的道路网由环状道路和放射状道路两种线交汇而成，它们的中心位置依然是皇居。

若将铁路和道路比作人体的骨骼，那么相当于内脏的经济开发区、政府机关街和住宅区等城市功能也都分布于皇居的周围。

比如，沿着以筑地一带为东边偏远处的办公街区朝大厦越来越高的方向走去，最终会到达皇居门前的丸之内。住宅区也是一样，从多摩川岸边的田园调布附近出发向住宅用地越来越大，门越来越气派的方向行走，途经两侧的成城、松涛和大森，跨越山手线再穿过白金、麻布和赤坂，最终来到皇居背面的麹町。就连看似和皇居八竿子打不着边的平民居住区也是如此。从两国桥一带骑自行车一路驰往店铺建造得越来越精致的方向，便来到平民区的大本营神田，而它的尽头即是护城河。工业地区现如今虽然已经不同了，但直到战前，也是从芝赤羽桥一直绵延到虎门附近。

通常，城市布局的内侧是办公楼和商业区，外侧是住宅和工业区，像年轮蛋糕一样，然而不知为何东京却是办公楼和平民区以及住宅区还有工业区像橘子瓣一样以皇居为中心呈放射状四散开来。这对建筑侦探是件好事，只要从东京站顺时针绕皇居一周，仅用半天的时间就能将丸之内的办公楼、霞关的政府机关、麹町的宅邸以及神田的广告牌式建筑尽收眼底。至少在附近再无第二座拥有如此纯粹而强大的中心点的城市。

东京的“骨架”和“内脏”如此，人们的印象也是如此。世田谷、国分寺、板桥、三之轮，从东京圈的任何地方出发，向当地的居民问：“皇居在哪个方向？”，大部分都会指出大致的方向。像这样拥有居民都能指出地方的城市并不多。

我展开东京地图后再合上，闭上眼在脑海中勾画。周边是绿植繁盛的住宅区，乘坐放射状行驶的红色电车至终点站，便出现了商业街。再和新宿、池袋、上野、东京、有乐町、涩谷串联起来就是环形的山手线，这环形被办公区、政府机关、高级住宅区和平民区等各功能区填满，而皇居就像儿童餐中的太阳旗一般坐落在它们的正中央。

因立场不同，也许有人想到把皇居放在东京地图的中心就会生出“荨麻疹”。但是如果调查东京市民和考证民众叛乱的历史就会发现，“日比谷烧打事件”“把米拿来运动”和“饭米获得人民大会”都是在皇居前发生的。在东京，可以插旗攻占的地方，大概也只有皇居了吧。

尤其是1949年的“把米拿来运动”，据说也曾以皇居之外的地方为目的地，从世田谷出发的游行队分成两路，一路从皇居前经过二重桥抵达皇居的厨房，另一路则向世田谷区役所进发。虽说将皇居和区机关相提并论这点闪耀着战后民主主义的光芒，但是现如今还会有去区机关的人吗？

尽管像这样无论在功能上还是在想象的地图上，皇居都位于东京的中心，但同时实际上它却也处于一种不像中心的不可思议的状态。

通常城市活动的密度分布是郊区为零，向中心逐渐增高，呈中心点为顶点的圆锥形，但东京却与此不同，最后应为顶峰的地方却咚的一下塌陷进去，回到零密度。关键的顶峰凹陷不仅和富士山相似，中心的消失也和台风眼一致。

这样的密度分布对在日本居住的人们来说不足为奇，但在世界的首都中却是个异类。不论是在欧洲还是亚洲，密度的上升曲线都是老老实实向上攀爬，在中心点大教堂和宫殿这些体量以它们应有的阵势轰然着地。既非富士山也不像台风眼，而是实实在在的金字塔。

然而不知为何，只有日本的中心是空的。首先发现这个不可思议的现象的，可惜不是我们的建筑侦探，而是法国侦探罗兰・巴特[1]。他在建筑侦探团成立四年前的1970年来到东京，便立即注意到这件事并将其公布于世。

---

1 罗兰・巴特：法国文学批评家、文学家、社会学家、哲学家和符号学家。其许多著作对后现代主义思想发展有很大影响，其影响包括结构主义、符号学、存在主义、马克思主义与后结构主义。

“我将要论述的城市（东京）有着下述罕见的悖论，这座城市有中心，但这个中心却是个空洞。”在这样一言以蔽之的一句话后，还进行了细致的分析。“是禁区的同时也是似有若无的存在，被绿色包围，由护城河守卫，顾名思义是皇帝居住的宫殿，整个城市环绕在它的四周。日复一日，出租车以炮弹般迅速有力而敏捷的运动沿这个圆环绕圈。这个圆的中心，有着不可视又可视的形状，而正是它隐藏着神圣的‘无’。”（《表象的帝国》，宗左近　译）

神圣的“无”。

如果说东京有秘密的话，就是“拥有单一的中心”以及“中心其实是个空洞”这两件事了。但这仅有的秘密却被法国侦探抢先发现，实在让人懊恼。明智小五郎先生[1]、金田一耕助[2]前辈、日真名[3]他们到底干什么去了？晚的这一步须由我们建筑侦探团扳回才行。

所谓空洞是广阔的场所中才会出现的，那么让我们在江户・东京的历史潮流中看看这个空洞吧。不从历史的角度分析事情似乎正是巴特侦探的个人特色和价值所在，那我们就从另外的角度来探究吧。

东京自太田道灌[4]建造城以来已有500年，在这期间，人们往来交替，建筑物烧毁又重建，反反复复。“变化”是永远的王者，人和物在被其使唤和消耗殆尽后消失得无影无踪。

让我们从居住的层面来看看是如何消失的吧。江户时期东京地区武士、家臣和平民的总人口是150万左右，为这些人口遮风避雨的建筑物

1 明智小五郎先生：江户川乱步笔下的名侦探。

2 金田一耕助：日本推理小说家横沟正史笔下的名侦探，亦被另一推理作品《金田一少年之事件簿》的原作天树征丸定为主角金田一一的爷爷。

3 日真名：19世纪50年代播放的日本电视剧中的主角，业余侦探。

4 太田道灌：1432—1486年，他是室町时代后期的武将。武藏国守护代扇谷上杉家的管家。继任管家之职后，在平定享德之乱、长尾景春之乱中表现出色。作为江户城的筑城武将十分有名。

粗粗一算有30万栋，而要说其中的多少在江户结束后的这一百年里留存至今，答案竟是一栋也没有。商店、长屋、家臣的宅邸，这些住宅都消失得不留一丝痕迹。既然有几十万栋之多，那么就算弃之不顾也总会像废弃物一样在城市的角落留下10栋、20栋，但东京这一百年的近代化却将道路的深处和宅邸的角落都擦拭了一番。和其他城市相比，可以说是奇迹了。

如果快速浏览江户·东京的500年，人、建筑和城市仿佛都被一股脑投进电动洗衣机的“漩涡”中，咕嘟咕嘟地冒着泡沫转动。转动一轮过后啪啪地将水甩干，人和房屋这些顽固的污渍都被清除干净，空旷的大地在蓝天下……

但就在如此激烈的变化漩涡当中，只有一个地方，皇居仍然古今一辙。诚然，城堡烧毁后重建为明治宫殿，这也是烧毁又重建的新宫殿，但在广阔的用地之中建筑的比例微乎其微，占大部分的绿植、水和石墙仍旧如故。

太田道灌在武藏野的杂树林中开辟挖掘的道灌渠也一如当初，据说栖息于此的青蛙因在那之后与外部断绝交流得以保持纯种血统，如今和其他地方青蛙的叫声也有些许不一样。主人从将军更迭到天皇，青蛙和泥鳅却万世一系地传承下来。

不久以前在皇居前的护城河中发现了大娃娃鱼，但据说这是放生的。还有发现鳄鱼的说法，向博物学者荒俣宏确认时，他回答道：“这件事啊，虽然我也听说过，但爬行纲的鳄目是无法在冬天的寒冷气候下存活的，如果可以克服这一点，这一说法倒也不是不可能，但……”

这么多的从前的事物仍然鲜活地存在于皇居之中。尽管周围的变化激烈，只有这里像台风眼一般，时间仿佛在此停止。

这样地温绝对零度的空洞为中心的城市存在已经很不可思议，而这空洞之中进行的活动更是不可思议。

说是空洞，却也并非空无一人。那里有一座房屋，它的主人耕种田地。种田的场景每到春耕秋收的时节便会刊登在社会版新闻的上方角落里，作为一篇出色报道的不大不小的配图，因而人人知晓（图 5-6）。房主的夫人以前还养蚕，只是不如丈夫为人所知。老爷爷去稻田收割稻子，老奶奶去田地采摘桑叶……

天皇陛下が稲刈り

天皇陛下は二十六日午後、皇居内の水田で稲刈りをされた＝写真。

パナマ帽にスポーツシャツ姿で水田に入られた陛下は、五月末にご自分でお植えになったもち米の「マンゲツモチ」、うるち米の「ニホンマサリ」を五株ずつ刈り取られた。作柄は「やや良」。収穫された稲は十月十七日の神嘗（かんなめ）祭に伊勢神宮に、また十一月二十三日の新嘗（にいなめ）祭に皇居・神嘉殿に供えられる。

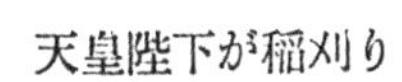

天皇陛下が稲刈り

天皇陛下は二十六日午後、皇居内の水田で五月末お手植えになった稲の刈り入れをされた。

陛下は薄ネズミ色のスポーツシャツ姿。今年の稲の作柄は「やや良」で陛下がモチ米「マンゲツモチ」とウルチ米「ニホンマサリ」計十株を刈られたあと、侍従らが作付面積二百三十平方㍍の稲を刈り取った。

この稲や米の一部は、十月十七日の神嘗（かんなめ）祭に伊勢神宮へ、十一月二十三日の新嘗（にいなめ）祭に皇居内の神嘉殿へそれぞれ供えられる。

图 5-6 天皇刈稻

每年各种报纸刊登出同样的报道。这两篇为朝日新闻和读卖新闻的报道。天皇可能是唯一一位耕作稻田四十余年的东京居民。

但这种事情可以发生在一国首都的正中央吗？可没有听说过诸如在伦敦的正中央，伊丽莎白女皇挤牛奶，菲利普亲王踏麦苗这样的事情。恐怕在大洋彼岸，“贵族浑身沾满泥土”一定是不受人待见的行为吧。

然而，日本人在春天一看到天皇以头戴草帽、脚穿高筒胶鞋的装束在稻田里插秧的姿态便心生安宁，一看到他头顶巴拿马帽，拿着手巾割稻的姿态便对自己生于水稻之国心生感激。只有割稻才好，挤奶工、铁匠或是商人什么的可不行。

但是这种皇居里的农业传统也不是自古就有的。皇后养蚕是进入明治后在涩泽荣一的指导下才开始的，在京都的御所时代，皇后摆弄带着蚕粪臭的蝴蝶幼虫可是十分荒唐的事情。而天皇的稻田更是新近的事，是战后才开始的。

在京都御所时代，天皇把脚放进水蛭和泥鳅栖居的泥田里是不成体统的事情。首先，以双脚在地面上走动就是不应该的事情。外出时总是坐在被称为凤辇銮舆的东西上，被人抬着或被牛拉着移动。那可是一旦轿夫放手就完了的、和德川时代十分相配的具有象征意义的交通工具。

然而 1868 年，来到江户城的青年天皇却一不留神骑起了法国赠送的白马。天皇驭马大概是千年一遇的事件，而走下凤辇跨上马背也意味着要按照自己的旨意驱使，这已经不是天皇的姿态而是武士的行为了。据说年老的女官看到天皇身骑白马的英姿，发出了“啊啊，这已经……总有一天”的叹息。

成为马上之人的天皇作为军事统帅，在甲午战争、日俄战争和第一次世界大战中奔走。1945 年，战败。女官的担忧应验了，天皇落马。

然而落马后的举动却很妙。他没有试图回到马上或凤辇上，而是开始了耕作。虽然不知道具体是谁进言的，但很可能是遥远的记忆在落马的一瞬间被唤醒了吧。天皇祖先的祖先是在这个国家推广稻谷种植的一族，后逐渐积攒力量，并以武力统一国家，统一后作为天皇凌驾云上。如今沿反方向回溯这一历史过程，重新做了瑞穗之国的守护神。

东京是神奇之都。最中央是森林和水塘，在它旁边有一户人家，农夫耕种稻田。最外侧蔓延着武藏野的杂树林和田地，有稻田和旱田。

存在于田地和田地间的缝隙的都会。我走着走着，发现了这样的东京。

第六章　阴郁的麦克阿瑟

——横滨新格兰酒店和第一生命馆

古典酒店，听起来多么吸引人，让人感觉比古典音乐、古典芭蕾之类的更有格调。这是因为，音乐和芭蕾只是观众远远观望的专业表演，而酒店却是只要花钱，无论是谁都可以进入其中体会古典之美的。

不，即便不花一分钱，古典酒店的大堂也面向任何人敞开，谁都可以坐在舒适的沙发上，也可以在高高的天花板下阅读报纸，并且不会遭到呵斥。“不被呵斥”这一点最关键。在现代城市，无论在哪里，闲杂人等如果在某个舒适的场所徘徊的话，就一定会有人一边说着 “喂，你是干什么的？”，一边哄赶。但是唯独酒店是个例外。

这样的古典酒店正在逐渐减少。几年前位于蒲郡市的蒲郡酒店停业，前年年底河口湖的富士屋酒店也被拆除。

因为喜欢古典的西式建筑，所以我每到一个城市，即便倾囊而出也要选择住古典酒店。完好保留着二战前风貌的酒店并不多，从北开始数也就只有日光金谷酒店、轻井泽万平酒店、野尻湖酒店、横滨新格兰酒店、川奈酒店、箱根富士屋酒店、强罗酒店、琵琶湖酒店、奈良酒店、六甲山酒店、云仙观光酒店这些了。

其中，横滨的新格兰酒店距离东京很近，而且我没有去过。于是，在初夏的某一天我决定前往。

沿着横滨港的海岸大道从樱木町车站一路走去，藏在行道树之间的酒店逐渐显现。“咦？这个四层的建筑就是那个新格兰？”第一次来的人通常都会产生这种想法，它就是外观如此低调而恬静的建筑（图6-1）。不但边角被处理成圆润的形态，而且特意强调了这样女性化的形象。要说有引人注意之处的话，也就是拱门和四角的墙面上刻有“公元一九二七年”的新艺术装饰了。

然而，越是这种建筑越要留意。它的设计者是创作了东京国立博物馆、银座和光购物中心、皇居前的第一生命馆等一系列昭和初期东京巨作的渡边仁，因此不会只是外观这般简单。于是我开门走了进去。

果不其然。外表格外朴素，内部却一下子豪华壮丽起来，这是他惯用的手法。专业人士的喜好，老成之人的情趣。

刚一进入，眼前就有一座宽阔的楼梯直通二层（图 6-2）。我仿佛被什么东西吸引一般噔噔地走上楼去，前台在那里，说道："欢迎光临。"

客人可向左或向右走去，停下脚步在大堂沙发上坐下。也就是说，楼梯四周全部都是大堂。从大堂的角度说，就是宽敞的大堂中央开了一个洞，那里有从一层上来的楼梯。

真是绝妙到令人不快的设计。通常酒店的大堂都是位于一层出入门旁，这样一来本应最充裕、安逸的空间却充斥着人们进进出出的嘈杂声，也不能欣赏外面开阔的景色。若是在只为了住宿而来的市中心的酒店倒也就罢了，像港口城市横滨这样的就不太合适了。不被噪声烦扰的恬静和一整面墙的港口景致，为了满足这两点，断然将出入口和大堂的界限划分为上下两层，真是绝妙的处理方式。

客人们也全然被这绝妙的处理方式吸引，悠然地坐进沙发，忘记时间流逝一般享受着大堂宽敞的空间。窗户高大而无任何遮挡，港口初夏的光线射入大堂深处，让人不禁感慨"啊，原来酒店大堂的空气是如此的通透"，想要深呼吸（图 6-3）。

图 6-1 横滨新格兰酒店不起眼的外观

图 6-2 楼梯和二层的大堂

图 6-3 带有东洋情趣的大堂

灯上的“巴”字纹样。二战前酒店面向外国人，因而多展示富士山式的日式风情。

日本的古典酒店有着几乎全部以外国游客为主要顾客群而建造的历史，新格兰酒店也是其中的典型，在20世纪六七十年代，高达80%的入住者都是外国人。20世纪二三十年代的赴日旅游热潮和战败后的驻军时代这两点奠定了日本古典酒店成立的基础，据说在这时期到访日本并投宿的年轻游客和军人们在年老后为了追寻从前的记忆会再次来访住宿。确实有不少像是这种情况的老夫妇，在大堂四下张望。

不过最近十年，比那一类人更多的房客如雨后春笋般出现在日本的古典酒店大堂里。那场景让人不能直视，不对，是让人眼睛快要化掉了。那就是成群的女大学生。如果在早上快十点时坐在大堂，就会看到他们三五成群，身着淡粉、淡蓝、乳白、纯白，总之是松垮地穿着淡明色系的衣服，手拿布包办理退房手续。看不到任何男性的身影。虽然不禁疑惑这样住酒店到底有何乐趣，她们却对这样的来自大叔的疑惑不屑一顾，在大堂的各处，“天花板的装饰好棒哦”“快看快看，这把椅子好复古”“照片，快拍照片”诸如此类高兴地说个不停。到底是谁投下的诱饵不得而知，但据说如今入住者的一多半都是“这群叽叽喳喳的小鸟们”。当被问到是否因此受到困扰时，新格兰酒店的涉外课长渡边治先生却答道“没关系。”

言归正传回到建筑，它外观上的特点在于多处采用日本传统图案。为了向外国人展示东方情调，反而到了日本人眼中多少会变成国籍不明的奇怪造型，显得莫名其妙，但总之，这就是日本。

大堂的正面镶有火焰大鼓时钟，上方有三个仙女正在演奏鼓、笙和琴。将日本符号运用得最为彻底的是小宴会厅，用柚木塑造出具有典型日本建筑细部的室内空间，但当再次环视时，却发现是既非神社又非书院式的建筑空间。也许这就叫作“Japanesque”吧。

“啊，好恶心。”年轻女孩的声音突然回响在大堂中。

“喂，快看快看。”

好的，看着呢。大叔们在观赏室内之余，也在用余光看着呢。在大堂延伸处的饰有印度风格浮雕的公共休息室里，一位女大学生坐在一把大椅子上，双手做出厌恶的手势并呼唤着伙伴。

“犯人”是她就座的横滨家具椅。所谓横滨家具，是幕府时代末期开国后由在横滨的外国人居住区的中国工匠和之后的日本工匠制作的西式家具，以兼具欧洲风格和些许的中国情趣的强烈个性见长。问题似乎出在这把横滨家具椅的扶手端部。

定睛一看，只见正好一拳大小的一张孩子的脸紧贴在那里，再仔细看，是一个长着翅膀的天使（图 6-4）。将手垂到扶手上时，指尖正好搭在天使的口鼻处。不是吧。不，正是如此。我也试着往上一坐，中指指尖将天使的上唇掀到了鼻子下方似的，感觉湿答答的。该不会是天使的口水和鼻涕吧……

图 6-4　横滨新格兰的天使的椅子（增田彰久摄）

这家酒店的家具统一为横滨家具，此为其中之一。天使的鼻尖因被揉擦而脱漆。

这真是愉快的初夏之日。

一不留神就对这些有的没的着了魔，因为过度沉溺于酒店女孩和东洋情趣而差一点忘了重要的正事。虽然很唐突，“日本占领”“最高司令官总司令部（GHQ）”“麦克阿瑟”这些才是今天的正题。但是这些强势可怖的词汇和这座城市度假酒店有什么关联呢？

通常听到“GHQ”，脑海中首先浮现的就是日比谷的护城河畔的第一生命馆。的确，8 月 30 日踏上厚木基地的麦克阿瑟在 9 月 8 日乘坐五星元帅专车实现了进驻东京的夙愿，将星条旗插在了第一生命馆的屋顶上。然而在从到达厚木到进驻东京之间的 9 天时间里，他又究竟藏在哪里了呢？其实他是待在新格兰酒店的 315 号房间里。他在日本首先占领的就是这座酒店。第二个是距离它约 450 米的横滨海关大楼。第三个是开吉普车车程 10 分钟的迈耶住宅。那之后是第一生命馆，是这个顺序。

因为忙于观察酒店大堂没来得及说，我此番是为了要一个个追踪麦克阿瑟登陆后的建筑遗址，便和摄影师增田彰久先生一起来到横滨港的。

在厚木登陆后麦克阿瑟没有立即向东京行军，据说是因为不安。虽然早在两周前日本政府就已经投降，但作为连续经历了新几内亚、菲律宾和冲绳几场消耗战的太平洋地区总司令官，他怎么也不相信这群家伙会因为政府的一道命令就停止战斗。事实上在他登陆之后，日本方面也曾做出在多摩川布设防线，准许占领神奈川县而不准进入东京的奇怪方针。反正，占领方和被占领方都是第一次，只能摸着石头过河。总之，占领一方由于认为东京危险而去寻找其他地方，被占领一方以不是东京的任何地方都行为由牺牲横滨，于是决定将新格兰酒店作为最高司令官的住所献上。

事情按照这样的发展，麦克阿瑟在以那个著名的姿势走下“巴丹”号的舷梯后，立即开始在空军部队的保护下向横滨进军，入驻新格兰。

向前台打听得知，麦克阿瑟的房间如今仍保持着当初的原貌被使用。

于是我们马上提出去参观的请求。乘坐电梯到三层，进入左边的走廊，来到318号房间前。

“这里吗？”

“不，这是1931年后的大约10年时间里大佛次郎先生作为工作室使用和居住的房间。”

“那住宿费会便宜吗？”

“不，只是打不打九折的问题，呵。”

真是不得了的花销。现在也有住得起的人吗？

“是的，有一个。一位俄罗斯的老妇人从28年前就开始住在这里。”

曾听说在二战前的横滨，俄国革命时有很多经西伯利亚铁路逃出的俄国人住在这里，没想到直到现在还有……

和大佛次郎的房间向右相隔两间的315号房正是我们此行的目的地。

进入房间，意外发现是会客室的陈设。中央放置着客厅三件套，西侧墙边是写字桌，上面挂着麦克阿瑟的照片。然而没有床铺。

“这间房是三间一组，据说麦克阿瑟是把这里用作会客室兼书房，右边的房间当作卧室，左边房间作为副官的房间。”

一人使用两个房间倒也还说得通，但即便如此也还是很狭窄。卧室只是普通的酒店标准大小，三件套的房间也是郊外上班族住宅的会客室的程度。通常像这样的二战前外国人酒店的天花板高度、面积、门还有浴室，全部都要比这大得多，不知为何这里却缩小到日本人的规格。

那样一个魁梧的男人，竟然住在这里！这不是和大佛次郎一样吗。

墙边的写字桌是横滨家具，虽然样式是西式，装饰却是菊花散布，充满东洋趣味。往上面坐了一坐。就算是我的身体也觉得椅子小、桌子也低，桌面几乎容不下双肘。以麦克阿瑟的体格来看，该是像小学的桌子吧。到底是怎么把那穿着马裤的下半身塞进这里的呢？

更何况房间的装修差不多也只有一些线脚而已，与其说是朴素至极，不如说是接近寒酸（图 6-5）。尽管如此，据说他居住于此时，还称这房间“very good”。这有什么好的呢？于是，我对认为这“非常好”的联合军最高司令官的为人也涌起了好奇心。哪怕只有一点文人素养或艺术情趣，顶多到好或者还可以这程度的客套话就打住吧。

虽然这么说很唐突，但这个人可能是没有强烈的想住豪华的房子或是吃美味的食物这类的欲望吧。说到食物，麦克阿瑟刚到这里时酒店提供的午餐菜单只有冷冻明太鱼、青花鱼、醋泡黄瓜，他只尝了一口就作罢，也没有抱怨什么，但晚餐却将美军提供的汉堡、面包、葡萄高兴地全部吃光。

即便如此，占领日本第一天的具有纪念意义的晚餐是大嚼汉堡也太不像话了吧。若是年轻士兵也就罢了，好歹也是功成名就的 65 岁美国陆军五星上将还是联合国军最高司令官。如此让被占领方都觉得寒酸。这样一来，与其说他是拥有朴素味觉的人，倒不如说他是有着不屑于对食物挑三拣四的秉性的男人。

麦克阿瑟在厚木登陆时叼着玉米秸管，戴着墨镜，穿着马裤，有些忧郁地走下舷梯的样子，令被占领的民众大吃一惊道“诶？这就是对方的大将啊”，但那不修边幅的装束并不是因为将军服没来得及洗之类，也不是胜者的从容，而是认为那就是他的全部更为妥当。这样的话大部分东西就变成“very good”了。将麦克阿瑟登陆日本的第一天的无关紧要的衣食住行的断片串联起来并加以揣摩猜测的话，和喜欢华丽热闹的典型美国人相距甚远，开荒农民一般的人物形象就显现出来了。

尽管说了这些老江湖似的话，但其实我都是没有读过他的传记或言行录之类的东西胡乱猜测的，实在不好意思。

好了，入住新格兰的麦克阿瑟从转天开始立即在“GHQ”，用日本式的说法就是“设有占领日本联合军总司令部的横滨海关大楼”上班。

这座大楼屋顶上载着一座带有小拱顶的缺乏平衡感的细长塔，玄关附近是有着伊斯兰风格装饰的罕见外形，因其富有异国情调而又端庄娴淑的形象被市民们称为“横滨的女皇”（图 6-6）。

从新格兰沿着海岸大道走上五分钟就到了。

经过玄关，向前台询问，结果让我们去二层的公关室。上到二层，向公关室询问，“确实曾经是 GHQ，但我们也不知道是用了哪里，怎么使用的。什么，麦克阿瑟的房间吗，不清楚啊。海关长室是最好的房间，所以可能是那里。要看一看吗？”

海关长的房间位于三层朝向大海的西南角，虽然宽敞却陈列朴素（图 6-7）。朝海的三层西南角这一条件和新格兰一致，除了视野良好外似乎也没什么了。

图 6-5　麦克阿瑟的房间（增田彰久摄）

麦克阿瑟在二战前曾两次作为客人入住这座酒店，而第三次则是以征服者的身份住宿。

图 6-6　横滨海关大楼

被称为横滨女王的温婉形象。

图 6-7　横滨海关大楼的麦克阿瑟的办公室
推测是这间房间，室内十分朴素。

海关的职员们只是说，“好像来的不是麦克阿瑟”。这和正史记录不一致。有时会有一个美国占领军老宪兵过来，每天早上在玄关处站岗，五星上将乘插着小旗的吉普车来。这种说法也让人不明原委。进驻 GHQ 不过是在登陆后的 12 天，可野战作战部队迈着整齐的步伐入内的说法似乎没有留下来。

在横滨还留下一个麦克阿瑟直接占领的遗迹。30 日、31 日、1 日三天住在新格兰 315 号房间，之后去了根岸山冈上的住宅，在横滨停留了 6 天。这座西式建筑是标准石油日本分店店长在二战前建成的，麦克阿瑟接收后作为总司令部。

“横滨 + 西式建筑”的解释是堀侦探提出的。就是之前坚持认为广告牌式建筑上贴的是铁板，在静嘉堂被狗追滚下崖地，忙着侦探忘记结婚的人。而现在，他怎么会和新婚妻子一起在横滨开港资料馆呢？他似乎是接到电话后，又开始了久违的建筑侦探。

同伴准备的资料还是那么整齐，我们看到接收记录上的“根岸旭台 35 号”，便乘出租车去了根岸赛马场前面的坡地。下车后稍微走一会儿就到目的地了。山冈面向大海，斜面南侧排列着以前标准石油社的住宅。

门牌上写着“R FRESE”，这应该是新建的，用地面积很大。

光亮的住宅，似乎是旧宅改造的。为证实这一猜想，我们走下坡去，但有围栏，什么也看不到。幸运的是围栏有一处破了，我们钻了进去，有点不安，附近是美军基地，所以……

同伴在外面拍了照片，“好像是外国的东西。”

“哪个国家？”

“挪威吧。”

挪威的话，就没事了。什么没事了？

我们登上大约 10 米的缓坡，透过树荫，突然看到四只腿……

结果，我们没有看到院子，麦克阿瑟住过的地方似乎被重建了。但同伴并没有因失去麦克阿瑟的遗迹而遗憾。

“对不起，藤森先生，这间房子是为麦克阿瑟准备的，但他一次也没有使用。”

海关和这里都没有住过的话，占领军总司令除了在新格兰入住三晚，其他时间又在哪里呢？

总之，在横滨度过 9 天的时间后，9 月 8 日早上，麦克阿瑟去了东京。

终于来到东京。

麦克阿瑟进驻东京是 9 月 8 日，但在那之前，在占领军先遣队和日本代表之间对东京的哪座建筑充当 GHQ 有过一段激烈的交涉。在通常的关于占领史的书中，记载着护城河畔的第一生命馆和明治生命馆被列为两个候补，但似乎事实是在那之外也曾物色过其他建筑。例如本乡的东京大学校园也是最先被看中的建筑之一。在当时幸免于被烧毁的建筑中，东京大学的环境和规模是最合适的，如果能够一次性接管，也能够将 GHQ 相关的所有部门容纳其中。

然而，当时东京大学的校长内田祥三却说，“军队在战争中曾提出将我校作为首都防卫阵地进行接收。但我们坚持学者死也要死在这里，于是军队也作罢。而如今，宣扬民主主义的同盟国军队要占领这样的地方吗？”

东京大学一步不让。据说在此之后，先遣队就将候补锁定为第一生命馆和明治生命馆。但做出决定的还得是最高司令官大人。

9月8日早，麦克阿瑟率领将兵，终于开始进驻东京。检阅了麾下的第一骑兵旅，亲临观看了赤坂的美国大使馆的星条旗升起，随后前往帝国酒店用午餐。怎么说这次可是提供了牛排的盛宴，但麦克阿瑟的装束仍是往常的马裤。用餐后，沿护城河畔乘车来到相隔七座建筑的第一生命馆，快步从十根列柱中间穿过后进入馆内。一进去又是“very good”。第一生命馆的屋顶上星条旗飘扬，重机关枪俯瞰着下方。最终，看都没看明治生命馆就做出了决定，但若是比较一番又会怎样呢？我向明治生命馆的人询问，他们回答道“如果我们离帝国酒店更近的话，一定会决定使用我们吧。”果真如此吗？

明治生命馆的建筑特征在于外观表现。以20世纪二三十年代兴盛的美国古典主义办公楼的样式为范本，全身披着罗马帝国纪念碑式建筑的厚重而华丽的装饰。夸张又热闹，无疑是美国人喜欢的样子。

另一方面，第一生命馆虽然同样受美国办公楼建筑的影响，却不像明治生命馆那样注重外观上的表现，而外面看不到的空调、上下水、电灯、电梯等设备引进了当时美国的先进技术。外观表现上却和德国的纳粹建筑较为相似，厚重而忧郁寡言。不知是否出于偶然，设计者是和新格兰酒店一样的渡边仁。

既然如此，那么就算两者比较之下答案也不会有变化。接下来，就让我们对麦克阿瑟亲自选择的建筑——第一生命馆一探究竟吧（图6-8～图6-10）。

穿过沿着护城河大道的一长排花岗岩柱廊，从装饰艺术厚重的大门进入，便立刻来到商务室的大空间。

从高而华丽的天花板射入的光被大理石柱和白色合金的建筑金属反射，简直像进入了矿物结晶之中一样闪耀。柱廊、大门和商务室都不错。一般人到这里就会大声叫嚷着上楼，但我们这样不一般的人就会沉稳地压低声音道，“请带我们去地下室。”

参观一般的大楼时若提出参观“地下室”，都会被对方怀疑来意，但在第一生命馆这么说，反倒会被刮目相看，“你们好厉害啊。”

这里的地下室和普通的地下室可不一样，将日比谷的淤泥层挖至四层楼深，地下室就建在那下面硬邦邦的砾石层之上。二战前丸之内、日比谷一带的大楼因为没有挖掘淤泥层的先进技术，全都是打下几千根的松桩并建在这些松桩上，而这座大楼却是个例外，靠沉箱法牢牢地伫立在砾石层之上。

图 6-8　第一生命馆

战争中屋顶上架设高射炮瞄准 B29，战后机关枪则是对准往来的日本人。沉默寡言而又坚定的大楼。

图 6-9 第一生命馆列柱的利用方法

如果对历史一知半解，一听到第一生命馆的名字就会产生想去造访的想法，我就看见一位将列柱当作树木躲在阴影下写生的女士。更厉害的是还有人在列柱阴影下拉屎。真是胆大包天。

图 6-10 装饰派风格的大门

第一生命馆的金属部分是装饰派风格的设计。

所谓沉箱法，是一种被译作“潜函工法”的独特工法，是在淤泥和泥沼中建造地下空间时，预先在地上制作好箱子，然后将其完全浸入泥中。虽然这么说，却也不是像木桶那样从上面摁住浸入，竟是由敢死队钻入箱子，用铁锹挖掘底部的淤泥层。这样一来挖了多少，箱子就沉下多少。再挖，再沉。如此反复直到铁锹碰到砾石层。和潜水作业一样，一旦向敢死队输送的空气出了问题，土木工人就会立即窒息，只要挖掘不当，偏向一边，箱子就会以倾斜的状态下沉，以致无法使用。

建造第一生命馆需要沉入像小学教室一般大小的十五个箱子，在那之上砌筑墙体，并在地上立柱廊。

这是典型的“说起来容易做起来难”的做法，尽管所有人都充满恐惧，但还是下决心按照理论试一试，结果竟如理论一样顺利进行。

准确地说，这座大楼不是牢牢伫立于砾石层上，而是 “深深沉入淤泥中的大楼”才对。为了一睹它的地下室，我们乘坐货梯一口气下到大楼底层。

这里是放有锅炉、冷却机组、发电机、上下水等设备系统的机械室，再次环视发现锅炉和自备发电机还有其他都是相同的东西成对排列。据说是为了以防万一而将所有的设备备了两套。并且也不是日本国内的规格，全部按照当时美国先进的建筑设备标准法制作的。

在天花板又高又暗的地下室，看着美国规格的锅炉瑟瑟地呼出气体，发电机嗡嗡地转动，这个场景好像在什么地方， “不要动。突袭禁酒法时代的芝加哥的地下秘密制造所的埃利奥特・内斯……”又胡乱联想了。

占领军之所以选中这座大楼，也许是不知通过什么途径得知这些从外面看不到的完备功能。

既然已经来到这里，除了一睹这些设备，不完成另一个任务是不能回到地上的。和渡边仁一同设计这座大楼的松本与作先生曾告诉我们，在地下室可以看到砾石层。于是我们马上掀开房间角落的检修孔，用手电筒照亮地板下面。黑暗中涨满了死水，透过死水可以看到下面锈色的土质。用棍一捅很硬。不是淤泥，颜色也不同。这正是支撑着东京办公街区真正的地下深处。想着不管怎样还是要尝一尝，试图用棍捞土却捞不上来。

淤泥的味道在兜町股票交易所的地下就尝过了。脚一伸进去泥就没到脚踝，颜色也是灰白色，实在是死泥一样的感觉，但捞在手上却看到其中混有好几块米粒大小的螺贝碎片，这就是它曾是从前海底的泥沙的证据。舔起来是淡淡的盐味，闻起来则是古老河边的味道。很早以前填满东京海底的淤泥和工厂排水的淤泥的原料、来历和味道都是不一样的。

要知道这淤泥之下的砾石是什么味道，再等下次机会吧。

离开昏暗的地下四层，来到地上五层，驻足于麦克阿瑟的办公室前。幸运的是，听说它保存了原貌，因此想要验证一件事情。从新格兰酒店315号房“very good”那件事加以揣摩猜测，便私自认定他是有着开荒农民气质的大男人，但这种私自认为是否在这里也通用？也有可能因为315号房是临时居所才没能体现出他的喜好，可这间是他上了六年班的办公室，他的喜好一定会像罐头一样塞埋其中。这样一想，竟仿佛要会见总司令官本人一般紧张了起来。

推开厚重的柚木门进入房间。房间是中小企业的社长室一般大小，设施却与之相差悬殊，厚重的柚木拱肩墙通常只到眼睛上方的高度，但在这里却直通天花板。天花板由石膏类涂料涂装而成，悬挂着简朴的船底形的灯罩。墙上和天花板都无凹凸不平之处，几乎像是进入了柚木制成的箱子中。引人注意的就只有放置在那的厚重的办公桌和陈旧的椅子了（图6-11）。

虽然使用的材料和设施的精密程度都是最好的，但是说面无表情还是沉默寡言好呢，总之，房间的氛围是哑然至极。

尽管如此，据说第一次来这里上班时，麦克阿瑟却表示很合心意。

图 6-11　麦克阿瑟的工作室（增田彰久摄）

这对他来说也是非常好。

在如此煞风景的环境中，那个大男人独坐于此，思考着日本的命运。

一般的参观者为这过度的朴素而惊呆，奇怪于他为何没像其他美国将兵那样下令把房间装修得华丽一些。的确，进驻日本各地的麦克阿瑟的部下们凡在所到之处都接管有历史的大宅邸，将油漆涂满凹间和天花板，甚至庭院树和点景石也都装修得鲜亮明快。然而只要知晓他登陆以来的喜好，就不会觉得奇怪了。他就是那样的人。

虽然验证了麦克阿瑟是开荒农民一说，另外的不安却油然涌现在脑海中。这个人的秉性真的只是这样吗？

新格兰酒店的 315 号房尽管狭窄又寒酸，但室内的墙壁和天花板都十分明亮。而第一生命馆的办公室却缺乏明亮。与其说是缺少照明的光亮，倒不如说房间充满暗沉的空气。如果这是“very good”的话，他其实不是非常阴郁的人吗？即便是寡言而又不修边幅的开荒农民，笑起来也和太阳之子一样满面笑容，但如果遗忘了这笑容的话，“作为阴郁的开荒农民的麦克阿瑟”变成了多么奇怪的存在啊。

第七章　遍布鲜血和笑容图像的医院

——圣路加国际医院

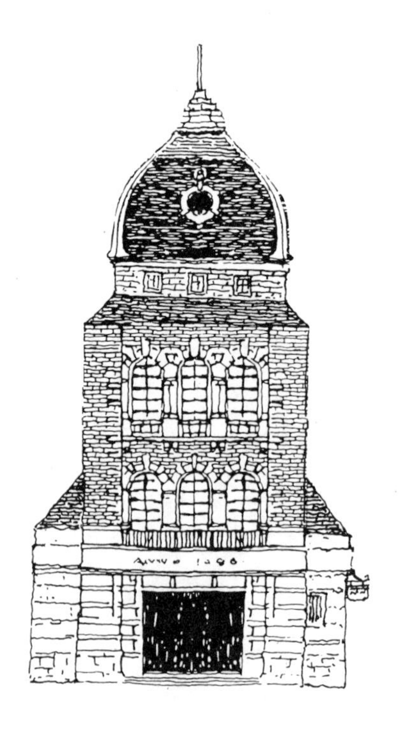

横滨港、神户、长崎……因外国人居留而兴盛起来的城市直到现在还存留着不少令人感叹的西式建筑。这样的居留地在东京也有，名叫筑地居留地，位于现在银座的尽头，面朝大海，和陆地隔着护城河，这样一个小“外国”仍然鲜活地存在着。

它的繁华时期在明治初期的时候，以筑地旅馆为首的商行、外国人住宅，以及立教、青山学院等教会学校抱团似的建于此处，据说到了若不会英语都无法胜任推销员的程度。

然而今天再去探访，却连从哪到哪曾是居留地都无从知晓。在那之中，只有一座貌似教堂的圣路加国际医院的高塔，还向人们传递着这里曾是一个小“外国”，而且也是东京基督教发源地的信息。（图7-1、图7-2）

如果有机会路过筑地地区，鱼鲜市场和朝日新闻固然也不错，但还是推荐你们首先穿过这座医院的大门。作为病人去也好，以建筑迷的身份去也好，如果是病入膏肓的建筑迷，那可再也没有比这更令人愉悦的事情了。

众所周知，这座医院建于1932年，作为昭和初期的代表作在建筑史上占有一席，而围绕它的设计，捷克裔美国人雷蒙德、捷克人福伊尔施泰因和荷兰裔美国人伯加米尼三人之间的角逐更是挑动着历史学家的好奇心。总而言之，这就是一座充满谜团的建筑。有谜团的地方就有建筑侦探。

主题是垂直的动向。捷克人福伊尔施泰因将法国设计师贝雷的设计用于塔的部分。

图7-1　圣路加国际医院中央部分

图 7-2 圣路加国际医院的装饰派风格

这座医院由当初现代主义的雷蒙德设计，后经伯加米尼修整，并在墙上加入了纽约风格的装饰派装饰。

首先从玄关进入吧。不要被白衣天使吸引了视线。我们的目标是专注建筑，小教堂在等着我们。不必寻找位置。从玄关大厅进入，只需老老实实向前走，自然就会在小教堂前止步。平面设计就是这样的意图。

即使只看一眼也会感叹于巧妙的平面构成。从空中俯瞰，医院整体是以塔为中心展开的十字形。这十字形的平面非常妙。

虽然说得如此学术， 但即便是病入膏肓的建筑迷，在护士长的瞪视下游荡在医院的走廊中，也能体会到这一事实。无论在哪里怎样迷路，最后都会回到十字形平面的中心位置。

就迷路这一点来说，它在比起大型温泉旅馆毫不逊色的医院建筑里是十分罕见的清晰易懂。中心空间在各层用途相异，首先，一层是从正面玄关而来的外来者和医院职员的动线相交的医院的十字路。如果从早上开始站在这个交叉口，就能够和医院里大部分人打个照面。清晨身着笔挺的白色制服前往病房的英姿飒爽的护士，以及傍晚换上便衣回家的年轻女孩，对比两者，变化大到怀疑自己眼睛并发出“哎呀，这是那个人”的感叹，这也是很有意思的。

从一层的“中心空间”爬楼梯向上走，来到二层的“中心空间”。从这里延伸出东西侧的病房，北侧的小教堂和南侧的休息室。这里少有人往来，只见日照充足的休息室里松软的沙发上，一位富态的大婶半躺着翻阅杂志打发了一整天。怎么看也不像是病人，那到底是什么人呢？兴许，这里还是东京不为人知的晒太阳的好去处呢。

从三层到六层的“中心空间”是儿科、内科、妇产科的护士站，不知为何每一层都镇守着一个眼角略上翘的清瘦的护士长，她们毫不含糊地掌控着往东西延伸的病房走廊和向南凸出的大病房里的人们的一举一动。仿佛是医院里的关卡一样，就连医生也需出示许可证才能通行。我不禁想起从前，在学校的建筑规划学课上听到过“护士站完备与否是近代医院规划的根基”的说法。

这里，是从建筑到护士长都像是近代建筑的镜子。

也许有人会评价它是可以于一处高效地观察大家一举一动的出色布局，但外行人若是对此发出赞叹就太无聊了。只是想看而来看的人们终究还是要说出一眼看到的亮点才像回事啊。

“好在哪里？”

“到底还是十字形平面的‘中心空间’妙。”

“怎么个妙法？”

“不管怎么说，在从一层到六层的‘中心空间’背后，小教堂的大空间敞开，很妙。”

准确地说，一层的“中心空间”相当于小教堂的入口，从那里由楼梯爬上二层，就来到了小教堂前。二层的中心空间和小教堂之间由大玻璃幕而非墙壁相隔，因而不用穿门便可透过玻璃看到小教堂内部。也看到几个路过的护士在此驻足，隔着玻璃向里面的人打招呼。

小教堂采用哥特式教堂的风格，天花板高度远大于房间宽度，几乎到了从二层的玻璃墙外面向内看，看不到尽头的程度。实际上到顶层，竟有六层楼那么高，与玻璃幕墙相隔，背对这六层楼高大空间的是三层以上的护士站。

经过一层、二层的“中心空间”，初次来到三层的外科·眼科·神经科的护士站时，我产生了一种小教堂不是依附于医院，而是医院嵌在小教堂里的错觉。

摆满写字台、医疗器具和账簿类物品，就像真的车站那样拥挤，它的后方不同于贴满了挂历和布告的普通医院里的混凝土墙，竟是一面玻璃幕墙。这就已经足够让人吃惊了，而更让人惊讶的是从正面可以透过玻璃墙看到灯光昏暗的小教堂内部，鲜艳的彩色玻璃浮现于黑暗之中。

这一光景从三层到六层的儿科反复出现。到了六层，小教堂的哥特式天花板刚好是和眼睛持平的高度，从如此高的位置向悄然无声的小教堂内部望去，有一种变成了巴黎圣母院敲钟人的奇怪感觉。

站在小教堂和护士站之间的中心点，望向护士长坐镇的北侧，在护士长的正后方隔了一点距离的地方，正是耶稣钉在十字架上。站在护士长的角度来说，她一面被在北侧身后的耶稣注视着，又一面注视着南侧大病房里的病人们。而对于病人来说则是越过护士长望着耶稣。

这座医院的神奇之处就在于将“神—护士长—病人”在一条直线上的关系直接呈现出来。

总之，医院的内侧和小教堂内部只有一面玻璃幕墙之隔，通透地连接在一起。这样的建筑，恐怕在美国也不见得有。

基督教引导人向天，即使和医院成为一体，也不会让人联想到葬礼，反倒使人心情明快起来。“病由心生”的心首先就好了起来。

1931 年开工时的奠基石上刻着的“为了神的荣光和人道的奉献”并不只是刻着而已。北面发散的神的荣光，进入护士长的后背再从胸前散出，照向南面患病的人道，建筑自身便是这样一种构成。贯彻得如此彻底的基督教医院建筑形态学，恐怕单凭建筑师一己之力难以创造出来。果不其然，一定是医院的创立者的想法。

话说回来，这篇文章以“首先从玄关进入吧……只需老老实实向前走，自然就会在小教堂前止步”开头，却走进了平面布置的岔路，还请大家谅解。

让我们环视一下从刚才开始一直停在小教堂前的脚下的四周吧。

随后发现经过仔细打磨的石灰华地板上四处嵌着长宽约 33 厘米的黄铜制盘子，上面刻有图案（图 7-3）。西北角上是鲷鱼，东北是鹦鹉，东南是老鼠，还有西南到底是水獭还是海狸呢？侦探同伴宍户实长老说这是“蒙古旱獭”，到底是从哪里听来这名字的呢？不管怎么样，这些动物聚集在耶稣的门前，在合计些什么呢？

非要解读这些图案的意思不可。众所周知，鲷鱼和老鼠作为七福神惠比寿神和大黑天的随从，是日本人的吉祥物。鹦鹉和水獭是儿童动物园里的香饽饽。但是，既找不到把吉祥物和香饽饽放到一起的理由，更看不到把它们集中到基督面前的必要。实际上，这些动物在医学上都是不相上下的反派，毫无疑问地，老鼠和鹦鹉分别是鼠疫和鹦鹉热的传染源，鲷鱼和水獭或者“蒙古旱獭”的病名虽然不清楚还请诸位原谅，但换句话说，这些图案就是人类的敌人臣服在神脚下的情形啊。

经过这样解读一番，再将目光从地板移到墙壁上，也就不会过于吃惊了。墙上竟然分东西两侧在正好和眼睛持平的高度威风凛凛地刻着臭虫、跳蚤、苍蝇和蚊子（图 7-4）。那长度大约有 33 厘米。把跳蚤画得如此之大，恐怕是无上的荣光吧。不光是大，还非常写实，臭虫几乎要脱离石盘从墙上爬出来似的。

形容这样的情形时，经常说“小姑娘要是看到可能都要晕过去了”。但是在这里，却不能使用这句套话。因为，站在小教堂前，对往来的年轻护士观察片刻，就会明白。说到白衣女孩，会想到穿着白色丝袜白色高跟鞋，轻易地踩着老鼠踢开鹦鹉。鹦鹉被磨平，脚爪都不见了。看到大臭虫和大跳蚤，眼也不眨一下。从早上开始站在那里观察，所有人都毫不在意。

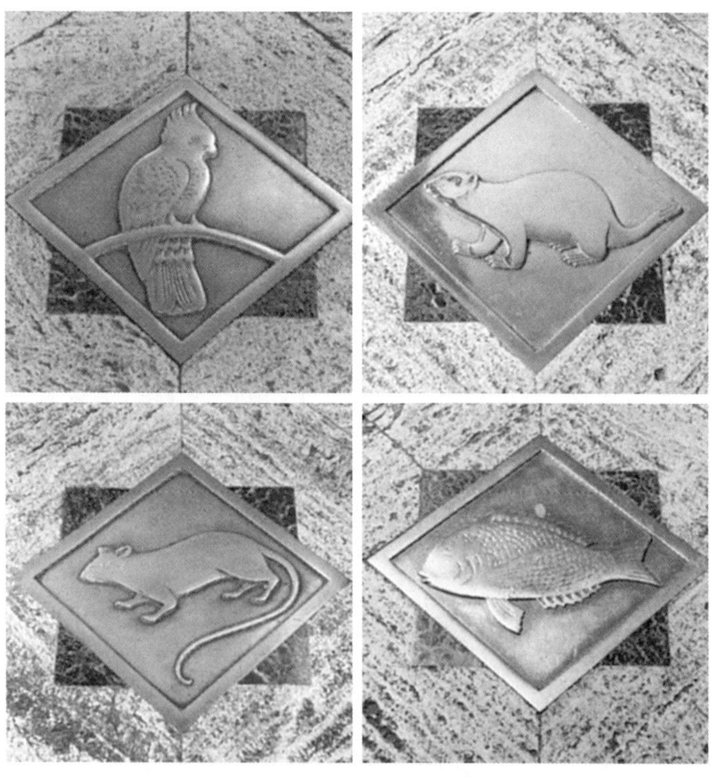

图 7-3 伏首神脚下的动物们（增田彰久摄）

可爱的鹦鹉也被当作鹦鹉热的元凶而遭到踩踏日渐磨损。

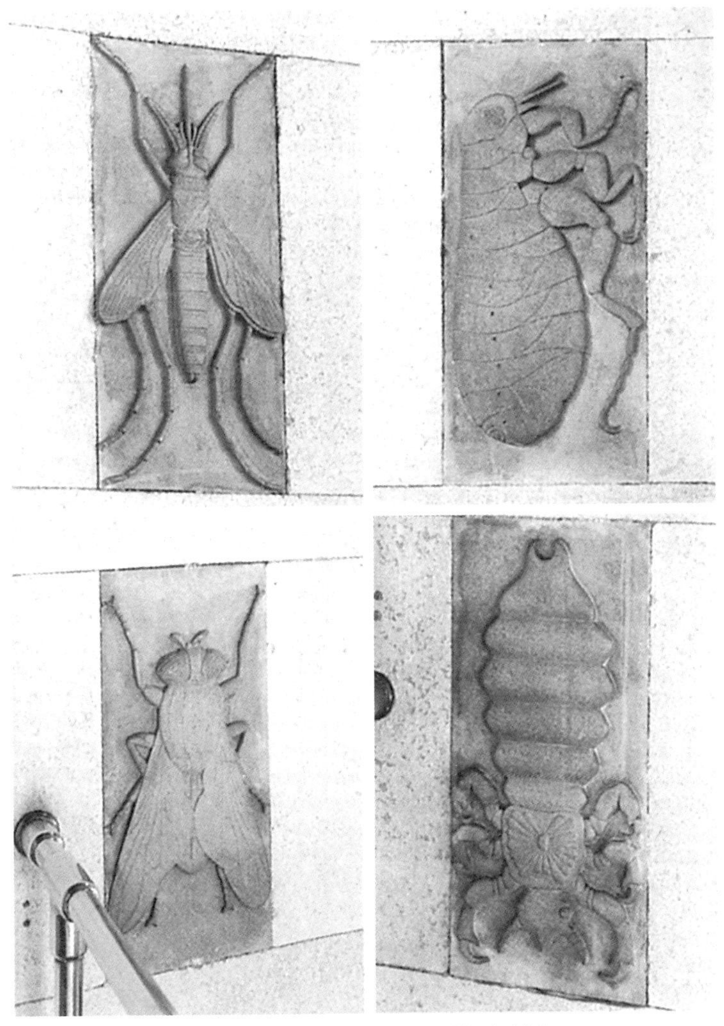

图 7-4　被封印于神面前的害虫们（增田彰久摄）

因巨大、写实而令人作呕。跳蚤、蚊子、苍蝇，还有另一个不知是虱子还是臭虫。

要进入小教堂，需爬上一小段楼梯。爬上三四阶，楼梯平台上再次暗藏图案。三个图案之中的两个，可以轻易地看出分别是凤凰和天平。因为这里是医院，天平就是准确无误的配药，凤凰则毫无疑问寓意长生不死。但是第三个图案却不得其解。通常，所谓图案只有存在某种象征意义才会融入或神圣或邪恶的庄重氛围当中，而这里却不存在这样的东西。

请你们看照片（图 7-5）。左端为月，右端是星，这些可以理解为喻示夜晚之意。然而中间的杯子怪物是什么呀。连杯盖都齐全，这不就是积水的装厨余垃圾用的水桶吗？一缕类似热气的东西从那里升向上方，考虑到这是医院的话，倒也不是不能将其解读为内服药。但如果是那样的话，为什么杯子中间会有一个龌龊的男子露出半张脸向外张望呢？而且还裹着头巾，侦探的思考早已停滞。若要解开这个谜团，恐怕是需要远古希伯来世界的深奥知识了。

图 7-5 神明面前的谜之图案（增田彰久摄）

星辰和月亮象征着夜晚也即阿拉伯世界，冒着热气的容器暂且认为代表汤药，那么里面的龌龊男子又是谁呢?

我抱着谜团爬上昏暗的楼梯，来到了小教堂门前。推开玻璃门进去，哥特式的大空间在眼前展开。天花板远在尽头。人工石打磨而成的柱子支撑着高高的天花板，柱子顶端处展开交叉肋穹顶。穹顶面用的是产于三宅岛的耐火石。这是我第一次看到将耐火石用于建筑的案例，那柔软的质感和接缝处外观的效果很好（图 7-6）。

使光线进入昏暗朦胧的小教堂内的彩色玻璃更是巧妙，大大小小约有数十面。可以说是彩色玻璃的管弦乐队。虽说彩色玻璃是哥特风格必备的要素,但如此丰富的彩色玻璃,即使我看遍日本的大部分教堂,也十分震惊。

首先是玻璃的显色很好。无论是红还是蓝都非常饱和，且透明度很高。日本的彩色玻璃通常只要色彩饱和一些就会暗沉没有生气，这里却是个例外。果然英国的进口货还是不一样。

设计自然也是没话说。和通常的哥特式教堂一样，出自基督教故事的图案随处可见（图 7-7、图 7-8）。但遗憾的是，对基督教了解不深。大概就是知道头戴帽子留着胡须的人像是“东方博士们”这种程度。还有一个是关于鱼的图案，听说过在罗马帝国的地下传道时代，信徒在路上相遇时在地上用手指画出鱼的图案，以此作为暗号互相联系的故事。无论如何，只有这种程度的知识恐怕难逃罚则。还是做一番功课之后再来吧。

图 7-6　有着哥特式天花板的圣路加的教堂（增田彰久摄）

这样的天花板做法称为交叉肋穹顶，是哥特教堂的典型样式。可说是日本最出色的哥特式天花板。

图 7-7 圣堂的彩色玻璃（增田彰久摄）

最上层的彩色玻璃虽小，但图案却十分可爱。每一个都是神圣的图案，船象征海外传道，人物是东方博士，诸如此类。圣经图像学就是解读每个图案分别喻示什么。

图 7-8 隔着彩色玻璃可以看到街景（增田彰久摄）

细节上的巧思让人惊叹。

尽管下了这样的决心，却最终也没有做功课后再次造访，而是走捷径去问了小教堂祭司佐藤裕先生。

我很擅长现学现卖，于是就发挥这个特长，将彩色玻璃上描绘的各式图案解读一番吧。

首先，从面向祭坛的右侧开始。

尽头的彩色玻璃上画着倒置的十字架，上面的两把钥匙交叉着。这是基督门徒之首圣彼得的象征，倒十字架是从他被古罗马皇帝处刑时，因不敢和老师基督使用同样的十字架而索求倒十字架的故事而来。

第二面玻璃上画着一个叉号，这实际上是 X 形的十字架，象征圣安德烈。他因在俄国和苏格兰等边远地区传道而闻名，据说被挂在 X 字十字架上处死。

和它相隔一个的右侧，画着圣经上放着一把匕首的图案。这正是为补充叛徒犹大之缺而加入的马提亚的象征。传说他被处掷石死，但在这里画的却是匕首。通常匕首象征被活剥而死的巴多罗买，但在这里大概是泛指殉道。它的再右边同样被认为是马提亚，绘有砍头用的双刃斧。

只是一侧就有这么多。看了这些可怕的东西后，顺便看看左侧吧。

第一个是剑和扇贝。贝和船这些与大海相关的图案大多寓意海外传道，这里也不例外，象征着将福音传到西班牙的雅各布（大雅各布）。剑来源于他被皇帝黑落德下令斩首的故事。

第三个画着木匠使用的矩尺和矛。它象征的圣多默是信徒中少有的技师，据传在波斯和古印度亲手建造教堂，正是仿照其所用的矩尺。最后他被矛刺死。

与它相邻的玻璃上绘有王冠和棍棒。这被认为是雅各布（小雅各布）的象征。他死于锯刑，通常以锯代表他，但在这里换成了棍棒。这可实在是骇人的图案。右手边是倒十字架、X 形十字架、剥皮匕首和斩首斧。左手边是斩首剑、刺矛和棍棒。加之在它们中央的耶稣，手脚被钉在十字架上，被矛刺着。不知道这是小教堂的，还以为来到了拷问室呢。

至今我造访了大多数遗留在各地的古老教堂，却对图案的含义一无所知，只觉得乡村的教堂“无名而有清寒之美”，城市的教堂“整洁而有正统之美”，以为教堂不过是这样的地方。虽然并不是从哪里听说的，却一直有基督教堂明净而美丽的印象。

但这似乎有些偏颇。显然，教堂想要留下殉道者流血的记忆。不仅是将“曾有这样一段苦难的历史”的事实传达给后世，还要在前来朝拜的人们的信仰之心最深处直接植入流血的概念。

看到如此之多关于凶器和血的记忆，单纯的信徒首先会燃起向异教徒报复的念头，甚至有些信徒还会因血的记忆过于亢奋而沉醉于自我伤害。

彩色玻璃在教堂出现虽然在是黑暗的中世纪，但当时流血的记忆和对异教的仇恨或许已成为信仰之心的基础。

这样一来，对着圣路加小教堂的彩色玻璃发出“啊，真美”之类朴素的感叹可能就是太过简单的反应了。

相较于安逸自得的寺院和单纯朴素的神社，基督教的一切都那么的曲折，委实深奥难懂。以至于有些疲倦了。

让我们换换口味，品味一下清淡的日本图像学吧。

从小教堂沿楼梯而下，踏过鹦鹉，顺着走廊往东，左手边就是厨房了。习惯了家庭厨房的我感受到的是如工厂般的宽敞和嘈杂。在水洗的三合土上，穿过浴盆一般大的锅灶之间往里走，尽头的墙边是一整排保存食材的冰箱。相隔三米的冰箱门有一扇、两扇……足有六扇。这些门的上方像寺院山门上一样安有匾额，上面绘有我们熟悉的图画（图7-9）。与其说是图画，倒更像深深砌出的浮雕。

第一幅是惠比寿神，笑容可掬，右手持鱼竿，腋下夹着鲷鱼，脚下是滚落的蛤蜊。一如往常的姿态［图7-10（a）］。

第二幅则豪气万丈，以富士山为背景，一名骑在野猪背上的武士挥舞着佩刀。场所是富士的原野，时间是源赖朝的围猎时节，人物是仁田四郎。但是这一图景现在已经不常用了［图 7-10（b）］。

第三幅是熟悉的大黑天。压模的小槌还有惯常的肥大线裤装束，跨在装米用的草袋上，周围滚落着白萝卜、栗子、蔺头和芜菁，老鼠啃着芜菁。五谷丰登阖家平安［图 7-10（c）］。

第四幅有些难度。孔子或是老子，总之是貌似中国圣人的老人带着牛和童子正在散步。童子手执木桶［图 7-10（d）］。

第五幅也是中国的东西，类似僧人寒山与拾得，手拿扫帚正在扫脚下的松针、松果和红叶［图 7-10（e）］。

无论哪一个，没有一幅图画是看似深刻的，这让人松了一口气。因为是食材库匾额上的画，应该可以认为只是单纯代表着装在里面的食材吧。

首先，惠比寿大人因为钓着鲷鱼，贮藏的是鱼类。仁田四郎因为狩猎野猪所以贮藏的是肉类。大黑天大人虽然在米袋和蔬菜类之间有所犹疑，暂且算作米吧。牵着牛的圣人，从牛的乳头十分膨胀以及童子手执木桶这两点考虑，贮藏的应该是乳制品。

到此为止都和里面实际的食材吻合。唯独最后一幅没那么简单。

从用扫帚扫落叶的画面可以联想到的食材是什么呢？难道是烤白薯？圣路加应该不会提供烤白薯，但如果贮藏的是薯类就不奇怪了。从白薯到红薯蔓类再引申到全部蔬菜，也不是不能认为它是蔬菜贮藏室。向厨师一问，从前不说，现在里面放的是白菜和白萝卜。多少有点牵强。

答案取决于那中国风的人是谁。但是话说回来，从根本来讲为什么要在区区食材库上动用七福神、英雄传说和中国故事，又安上如此气派的匾额呢？

医食同源？

图 7-9 圣路加的大食材库（增田彰久摄）

如果上方没有匾额就是普通的食材库……

图 7-10 食材库的谜之匾画（增田彰久摄）

采用了在厚板上涂色的手法，然而却不知是何人为何所作。只有仁田四郎、惠美须、大黑可以推定……

第八章　西式建筑，从国电只需走三分钟

——镜子之家

国电电车行进方向的右手边座位为佳。在中央线橙色的电车中坐下，从始发站东京出发 10 分钟左右到达四谷站，下车后在月台上一抬头，便会看到一座大拱桥在那里迎接你。

尽管是钢筋耀武扬威的构造物，却不同于在山手线有乐町和神田边的高架桥下可以看到的粗糙做工，柳钉钉得规则精准，钢筋间的连接也漂亮。不仅如此，还仔细地漆上了明亮的蓝漆。要是定睛朝上看，还能看到拱形上方装饰得如同花房一般的栏杆。

还来不及感叹这是通往赤坂离宫的桥，电车就已经开动，车内忽然黑暗起来，一阵嘈杂，如果不习惯这些的话可能会感到疑惑。其实这是穿离宫下方而过的隧道。

东京也有隧道呢！

不用 15 秒钟便通过隧道，眼前豁然开阔起来，成排的房屋突然展开在视线下方。这是东京固有的地形“谷地”，是被赤坂离宫、神宫外苑以及新宿御苑的山丘三面包围的擂钵形谷地。虽然不知道它现在的名字，但在江户时代被称作“鲛桥谷町”，作为“近山第一的贫民窟”而闻名，当时与下谷万年町、芝新网町在贫民窟界三足鼎立。据说除出入口外无任何开口的长屋足排列有 1300 间，并有近 5000 人群居于此。据说为了在刚才的隧道出口处建造御所而被拆除，因为现在已经不见踪影。在傍晚时分摇晃的电车上眼望房屋石棉板的屋顶上模糊反射出夕阳残照的光亮，一面觉得不应如此，一面又不禁将《东京名所图绘》的《四谷区鲛桥的傍晚》那幅哀伤的画叠在上面。

我发现在原来鲛桥的擂钵边上的山丘上建有一座形状奇特的西式建筑，是知道这个地区的由来之后有一段时间的事情了。电车穿过隧道，在正好经过信浓町月台的一瞬间，一座红色涂装的洋楼出现在大厦和住宅楼之间而又转瞬即逝。这着实让一直以为鲛桥不仅在擂钵底部而是一直延伸到上部边缘的我大吃一惊。为何如此浪漫的洋楼会出现在贫民窟旁呢？

只有了解东京住宅建造史的人才不会对这幅光景感到奇怪。提起城市时，如果想到的是名古屋、大阪、京都、广岛、博多、札幌，就会注意到它们大都位于鲜有起伏的平地上。几乎没有关于在城市里上下坡的记忆。在这样的城市里，虽然高级住宅区、小型住宅、贫民窟都分散在同一平面上，但不同质量的住宅之间却被划分得十分严格，绝不会出现贫民窟在高级住宅区近旁咕咚咕咚发酵的情况。区域的划分取决于距离市中心位置的远近。大多数情况下在旧城附近的是宅邸区，其边缘是中等住宅，接下来小型住宅，在此之外才是更小的住宅区，距离越远，住宅的质量便越差。

但是东京却是个例外。东京是从武藏野台地的边缘发展而来，它拥有包含了近海的下町低地和近山台地各一半的罕见构成。众所周知在江户时代，它的中心江户城依近山台地而建，而近海一侧被称为“城下町”，也就是城的下方的街区。“城下町”意指商人和工匠的居住区，在那之后不知什么时候“城”缺失了，最终变成了现在的“下町”。与此同时，武士们将宅邸建造在靠山一侧的台地上。

就这样，在江户时期，根据地形的高低划分了居住者身份，而这种因地理上的高低差出现的居住区划一直被完好地传承至明治时期，近山台地原来武士的宅邸当中，将军家臣的宅地由小官吏或由本省官吏继承，大名的宅邸土地则由政治家或大商人又或贵族们继承下来。

如果武藏野台地是像镜饼一样的简单块体，咣地凸出来的话，以它的崖壁为界线，高低的居住区划就会单纯由直线划分，线的东半部分是房屋密集的下町、西半部分是绿意充盈的宅邸区。但现实中的近山台地却好似人手，以上野、本乡、麹町、芝、高轮五条山脊线为手指，呈现左手紧贴大海的姿态。在指尖指甲的位置上，上野的宽永寺、本乡台地的尼古拉大教堂，麹町台地的皇居、芝的增上寺这些纪念性建筑物居高临下俯瞰着下町。更有不忍池、日本桥川、溜池、古川在手指与手指之间流动。

其结果就是，谷地深深切入麻布、赤坂、六本木这些远离下町的近山台地之中，在近山散步时也会进入谷地，看到日照恶劣的简陋房屋像古绳一样排列在潮湿的小路两侧的情形。

在东京，无关水平距离，只要有高低差，便可在一个平面上使宅邸和棚户只以一墙相隔。形容东京的词语除了“多有斜坡”，还应加上一个“贫富相邻”。

如此一来，紧邻原鲛桥的上方就建有时髦的洋楼也不足为奇了。抱着这样的想法再次环视这片区域，也就不难理解赤坂离宫和住有五千贫民的鲛桥曾经相邻这一事实。没什么大惊小怪的，因为这就是东京的居住区典型的景观。

关于红色涂装的西式建筑的来历，长谷川尧先生告诉我：“德纳兰的旧宅就在信浓町车站的北边山丘上。”

德纳兰这个名字听起来虽奇怪，但对于西式建筑迷来说，却是有着深海鱼对于鱼类学者一样充满神秘感的名字，只要听到这个名字就会兴致勃勃。

正式说来是乔治·德·纳兰，被朋友称为约尔哥，是德国出生的建筑师。可以由名字中间有“de”这个相当于英语中“of”的法语词语推测出来的，这是法国贵族阶层的姓氏，有人猜测其祖先在法国大革命时流亡到德国。他在1903年来到日本，直至1914年离世的多年间，以横滨的外企为据点参与了多件宅邸的设计。他的设计风格别具一格，创作出日本罕见的纯德国式的西洋建筑，虽然给西式建筑迷们很深的印象，但却几乎没有能够引起一般人关注的作品。

在日本，一名建筑师知名与否，取决于他创作的建筑是否吸引眼球，是否足够巨大，或者是否因此引起了什么事件，而与他业绩的质量并无关系。比如说，曾在他手下工作的捷克人简·勒泽尔，他的创作量没有乔治·德·纳兰多，但他设计的广岛商品陈列所恰巧被原子弹击中，虽几近坍塌却侥幸存留下来，结果被命名为原子弹爆炸圆顶，设计者也一跃成名。

相较于四处巡讲的勒泽尔，德纳兰虽在东京、横滨和神户有很多作品，但他在首都圈的代表作却大多毁于地震和空袭，存留至今的只剩下信浓町的旧宅了。

甚至喜好他作品的人们也索性放弃，任由他的名字就这样沉于海底被人遗忘。然而就在这时，以神户为舞台的日本广播协会早间剧《鸡形风向仪之家》却扭转了这样的局面。

电视剧主要是关于在神户的德国糕点师的故事，和建筑没有任何关系，但编剧在神户取材的时候发现了近山处有鸡形风向仪的洋楼，十分喜爱，便将其设为故事的舞台。而这座西式建筑的设计者正是德纳兰。

电视剧的力量是可怕的。在那之后，国家将其指定为重要文化遗产，神户市出资六千万日元买下这座西式建筑（原托马斯宅，爱称“鸡形风向仪之家”）并进行售卖。年轻女孩蜂拥来到神户的近山进行购置。因为怎么卖也不会减少，至今仍在销售。

在这阵骚动之中，德纳兰也以不逊勒泽尔之势名声大振，甚至他的故国德国也对此进行了报道。鸡形风向仪的威力真是大。一名建筑师终于不再被埋没而为世人所知，都要归功于一只公鸡。

因此，希望各位能去看看他的名作之一，德纳兰旧宅。

无论是什么建筑，只要可称为之建筑的，还是最希望没有向导，独自一人走着去参观，初次参观时尤其是如此。若两个人去，印象会打一半的折扣，三个人的话就变成三分之一，五个人时便所剩无几了。如果乘车五分钟去步行二十分钟的地方，尽兴程度就只剩下四分之一。这样的简单运算屡试不爽。和人与人的相遇类似，一对一总是最好的。

所幸，德纳兰旧宅是日本为数不多的西式建筑中距国电车站最近的，因此谁都可以一个人步行到达。距车站只需步行三分钟的建于 1910 年的建筑，在当今城市可并不是那么常见的。即便如此还会迷路的话，那就找新宿区信浓町二十六号吧。

时至春天，一个星期六的午后。我在平时只往里走两三步就折返的德纳兰旧宅门前晃晃悠悠地走至玄关处，深呼吸后望向天空（图 8-1）。

“飞虫已经出来了啊”，我这样想着，边按门铃边用余光确认，说是飞虫其实是蜜蜂。在玄关前的山茶花上方沿一条直线飞来飞去，而不是“从这朵樱花飞向那朵”的飞法。难道在这里也有巢穴吗？就像是着急回家的上班族一样欢欣雀跃的飞法。

听到门的那边传来拖鞋的声音，我立刻摆回之前的姿势，这时出现了一个娇小圆脸的老妇人。告知来意之后，在她的笑意款待之下脱鞋并坐到会客室的沙发上，只见正面一座暖炉，背面则是日光室。暖炉像是锻钢做的，坚硬无缝（图 8-2）。几乎到了令人窒息的程度，让人想起德纳兰的国籍是德国。

向沙发那边的房间窥望，有一座散发出香气的大佛像，四周装饰着花朵。也许最近有什么人过世了，是座平常人家里没有的巨大佛龛。可放在佛像面前的两瓶可尔必思汽水又是什么意思呢？大概是过世的人实在喜欢这种饮料吧。西式建筑和可尔必思汽水可不怎么相配，我这样心不在焉地想着。在互相打过招呼之后，在老妇人，也就是德纳兰旧宅的现在的主人三岛琴女士的引领下参观了室内。二层为卧室，一层则是日光室、会客室、餐室、门厅以及厨房。这是在西式建筑中没有一点浪费且十分紧凑的平面布局，甚至到了局促的程度。最为费心的是餐厅，在板壁上刻有强有力的浮雕。与会客室之间的墙壁上开有玻璃窗，本以为可越过隔断看到相邻的房间，仔细一看发现是镜子而非玻璃，只是映着这边的景象而已。这是为了使房间显得宽敞一点，以缓和局促之感。

光线昏暗的门厅并无出奇之处，但经提醒抬头看去，三个裸身的孩子围绕在嵌入天花板的圆形吊灯周围，背上还长着翅膀。原材料似乎经过粉刷，皮肤、翅膀和头发的颜色都十分浓烈（图 8-3）。

图 8-1 德纳兰旧宅

屋顶的弧线为德国风格。细节造型是被称为德国分离派的当时德国的新样式。一层的凸出部分为温室。

图 8-2 德纳兰旧宅从前的室内景象

钢壁炉至今保留着从前的样貌。壁纸和家具已被全部更换。

图 8-3　有许多丘比特（增田彰久摄）

玄关的天花板上有丘比特。这种个性强烈的造型正是德国分离派的生命所在。

将室内看过一遍后回到会客室的沙发上，我被随处可见的德式洋楼的独有味道震撼而陷于沉默之时，“来些冷饮吧。”老妇人说着，端来了一个杯子。杯中是清澈的橙色潘啤（Punpee）饮料。它是最早使用活性乳酸菌的清凉饮料，学生时代在澡堂洗完澡后喝上一杯实在是一种享受。刚把久违的潘啤端到嘴边，“这可让我们受了不少累呢。”

“啊……”

为潘啤受的累是什么意思？

“其实我丈夫对可尔必思有不满来着。”

对可尔必思不满？

“因为可尔必思的乳酸菌是死菌，但他却说什么也想要活性乳酸菌的饮料，终于在生前的最后时刻，潘啤面世了。”

“啊，呵……”

我的喉咙里是最后的潘啤，咕咚。

“我丈夫在遗言中将持有的全部股份和土地捐给了慈善机构，只把潘啤和这座西式建筑留给了我。所以我总是用潘啤款待来客。”

作为遗产的潘啤……到这，才终于弄清了状况。

“那个……您丈夫和可尔必思是有某种关系吗……”

“嗯？您是在不知道的情况下来的呀，呵呵。”

“我是因听闻这座房子现在为一位姓三岛的人所有而来的……”

“是这样啊，那我就介绍一下我丈夫吧。他因可尔必思为人所知，但其实那算是个偶然。我丈夫是本愿寺分寺院家的儿子，毕业于龙古大学。受到大谷光瑞先生的赏识，经其介绍成为军队的文职人员，为了日俄战争的战前准备工作去往中国东北购买战马。虽然是三个人去的，另外两人却在当地被逮捕并以间谍罪被处死，只有我丈夫因只是买马的商人而被释放。这些倒没什么，却因此有机会在蒙古包中生活了一段时间，蒙古包角落的壶里装有当地人做饭时都用的白色液体，并每天都往里加入羊奶。每天和那边的人一起喝，之前病弱的身体竟渐渐好了起来。这都是亏了活性乳酸菌。之所以每天加入羊奶，是因为菌是活的，若不每天给予新的饲料，奶被消耗光后菌就会死亡。事实上一天就会全部死亡。这个经历直接导致了可尔必思的面世。然而不遂我丈夫意的是，乳酸菌无法在活着的状态下被密封起来，它们的繁殖不受控制。结果只能在一定的阶段进行杀菌后除酸并商品化。那应该是 1923 年地震前夕的事情了。”

“那个，日俄战争和可尔必思诞生之间可是一段不短的时间。”

“是啊，那段时间他似乎是在养殖蜜蜂。他之所以能活到九十七岁，秘诀其实并不是健康食品可尔必思，而是多亏了蜂王浆。”

“啊，原来如此。院子里有许多蜜蜂飞来飞去……”

“没错。我丈夫非常喜欢蜜蜂，所以在院子里用蜂箱养蜂。”

“昨天在电话里说到，这座房子是在 1910 年作为德国人的住宅建造的，那您买下它是在二战前吗……”

“不，是战后。二战前和战争前后可顾不上这些，特别是战争刚结束时非常艰难，找不到做可尔必思的奶。我丈夫几乎可以说是失业了。那时我的好朋友朝吹京子十分困难。她是石井光次郎先生的长女，后嫁到朝吹家。石井光次郎先生被流放，朝吹家财阀解体，京子连吃饭都成了问题。于是我和京子，还有石井光次郎的妻子，也就是京子的母亲，三个人开了一家咖啡馆。地点在有乐町朝日新闻背后的电影院正对面，名字叫‘玛珑’。从采购到服务生都是我们三个人做，从 1947 年到 1952 年 7 月做了整整五年。石井先生卖掉心爱的钢琴，我卖掉了祖父送我的护身刀，加上处置和服和戒指，总共凑出的六十万日元开的店。当时生意很好。靠着它，三岛、石井和朝吹三家得以勉强度日。但是，随着迁出的专业人士逐渐回来开店，‘玛珑’也就关门了。”

“那个，买下这座房子是在……”

“那之后，关掉咖啡馆那阵，正好可尔必思的工厂开始步入正轨，咖啡馆的权利金也有不少，我就用这些钱买了可尔必思的股份。但是开发潘啤的时候，股份被抛售并充当了研究费用。因此对我来说，潘啤是承载了很多回忆的……要再来一杯吗？”

“1 袋 500 毫升是三人份。最初在广告里加了‘一袋抵三杯’还被地方政府批评为不当说明。所以让改成三人份。里面还加了蜂王浆。也就是说我丈夫年轻时梦想的养蜂和乳酸菌这两者融化在潘啤里，我的‘玛珑’也……”

两人同时咕咚。

“话说回来，您说买下这座房子是战后，具体是什么时候呢？”

“啊，对，房子的事情啊。我记得是 1955 年，从中国的商人手中买下来的。那人常年往返于中国香港和日本，房子据说是他在日本的宅邸，乘飞机很方便，就不需要了，在那之前听说是西班牙公使馆。现在虽然是我居住在这里，但其实是归三岛食品有限公司所有的。”

“改建了很多吗？”

“现在的门廊是中国人安上的最初没有的东西，将之前西侧玄关作为便门，东侧院落变成门廊，才成为现在这样。啊，门廊背面延伸出的日式平房是我们加上的。我丈夫年轻时在中国生活过，因此几乎完全没有要过日式生活的意思，觉得西式建筑就很好，但是我却对榻榻米十分想念，因此把背面做成了日式并住在那里。但其实对上了年纪的人来说，西式建筑更为方便。不用像在榻榻米上那样站起和坐下，所以轻松多了。而且不像日式房子那样空荡荡，暖气也十分管用。”

“西式建筑就没有什么不便之处吗？”

“没有日式衣橱，是最麻烦的。没有可以把被子和垫子这样占地方的东西塞进去的地方。没有办法，只能把三层的阁楼作为衣橱使用。”

“破损状况如何？”

“没什么问题。屋顶和板壁都是一如当初。因为屋顶很陡，台风时有些瓦片飞落，但也就是这种程度了。因为建筑不会下陷，门窗隔扇也没有移动。外面有一张鳞状的板材对吧，那个偶尔会裂开。因为又硬又薄，应该是金属……”

“会裂的话就不是金属……啊，对了，一定是石棉板。设计者德纳兰在神户的鸡形风向仪之家初次直接引进石棉板。”

“原来如此，您连这么细碎的事情都知道。”

“因为不管怎么说这是我的兴趣所在。话说回来，周围的情况和从前比起来如何呢？”

“如您所见，兴建起了很多公寓楼。从前越过千日谷可以看见的明治纪念馆和赤坂离宫的森林，现在也只有蜜蜂能够欣赏了。天明之后，蜜蜂在朝阳之中越过谷地飞到离宫的森林中，采集离宫和东宫御所的花木或是花坛里的花蜜而归。所以是尊贵的蜜蜂呢。呵呵。”

“这就是真正的，蜂王浆了吧。”

“呵呵。”

这天以后，每当从国电的窗户看见三岛家居住的西式建筑，总会想起蜂王浆。于是，我开始擅自称这座西式建筑为蜂王浆之家。与西边的鸡形风向仪之家相对应，东边的蜂王浆之家，很是不错。我总是忍不住想要炫耀一番，将这座房屋的种种向植田实先生吹嘘了一番。没想到他早就知道这房子的存在，还有自己的兴趣所在。“三岛由纪夫的小说中一篇有名为《镜子之家》的，读其中的描写时脑中就浮现出那座西式建筑。同样是姓三岛也十分说得通……”真是大胆的猜想。

总之，是蜂王浆之家还是镜子之家，还是得选一个。于是慌忙地借来《三岛由纪夫全集》开始阅读。

这篇小说对这个作者来说是个长篇，因为其中写道：“它源于我对西方的憧憬，以前就一直希望写出一篇长篇原创小说。”

主人公镜子是“有着像父亲的中国式的美丽面孔，略薄的嘴唇虽然有时显刻薄，嘴唇向内翻卷的部分却丰盈而温暖，和外侧冷静而透彻的形象恰好形成对比。她不仅非常适合贵妇式的服装，也十分适合每到夏天时露出胳膊和肩膀的花哨印花图案的衣服。一年四季都不忘穿束腰衣，使用的各式香水也时常随心情变换。”这就已经足够妖艳了，还有“镜子奇特地确信着一件事。在路上和结伴的夫妇恋人擦肩而过。男方对镜子投来一瞥。于是镜子坚定不移地认为其实男人比起自己的妻子或女伴对镜子更为渴求，只是在忍耐。所有男人忍耐的眼神都是喜欢镜子的。只有丈夫没有这样的眼神。”

这样的镜子和这样的丈夫，他们居住的房屋不可能是带有凹间的数寄屋样式之类，不用说，一定是幽暗的西式建筑。

“镜子之家悬在台地的崖壁上，因此进入大门后越过正面庭院眺望的景色十分开阔。眼下可以看到国电出入信浓町，还有明治纪念馆周围高高的森林，以及大宫御所的森林等，将天空分成一段一段的……这片森林上方的天空中时常有像撒上芝麻一样的鸦群飞翔。镜子自幼远远地望着鸦群长大……大门的正面有着借景的西式庭院，左边是洋楼，接下来是在洋楼被接管期间一家人居住的小小的日式房屋。狭窄的门前路停不下车，因此停泊在门内的西式玄关前。”

这段描写和信浓町的三岛邸如出一辙。不论是地点、景色还是玄关前停泊的车都一模一样。只有将三岛琴女士出于爱好建造的小型日式房屋想象成“在洋楼被接管期间一家人居住的”不一样而已。

很有可能，“憧憬西方”的作者从电车的窗户中发现了这座房子，散步时顺便做了一次建筑侦探，加上对“三岛”这个门牌的喜爱，于是将其作为创作原型。

很遗憾，蜂王浆之家败北，德纳兰旧宅是“镜子之家”才对。

言归正传，镜子之家的作者，准确来说是房子的作者，德纳兰 1914 年在朝鲜总督府项目中病倒，被送回这座房子后逝世。在那之后，房子到了谁的手中，又是如何来到三岛先生的手中，现在已经无从得知了。

建筑虽然如此，所幸遗属的下落是知道的。

据说德纳兰的设计事务所生意非常好，但矮小富态的他受到朋友的喜爱，又十分喜爱酒，结果收入几乎都花在了和朋友的交际上，突然去世时可称得上遗产的只有信浓町的房子。遗孀艾迪女士只得卖掉房子，带着五个孩子回到了德国。然而，回到德国后等待他们的却是再次被召回日本的命运。建筑史学家猜测这都是艾迪女士太过美丽的原因（图 8-4）。

图 8-4　德纳兰和夫人艾迪

微胖而爽朗的丈夫和纤瘦美丽的夫人。丈夫于 1914 年被葬于横滨的外国人墓地，但现已不见其墓。夫人艾迪于 1967 年过世，长眠于青山的东乡家墓。

回到故乡希尔施贝格的艾迪女士靠在学校教授英语和法语抚养五个孩子长大。那时柏林的日本大使馆正在征召东乡茂德书记官的秘书兼翻译，并选中了艾迪女士。生活窘迫的艾迪女士乘船搬到柏林，开始在大使馆工作，不知不觉和东乡坠入爱河。随后成为东乡夫人再次回到了日本。这些事情可参阅荻原延寿著的《东乡茂德》。依照传记，命运再次等待着回国后的艾迪女士。

丈夫茂德作为优秀的外交官崭露头角，最终在 20 世纪三十年代成为代表日本的外交领袖。1941 年作为反战派的王牌进入以日美开战为目标的东条英机内阁，以外务大臣的身份意图阻止开战却最终失败，并且在打倒东条的计划失败后辞去官务。战败后，身为开战时的外务大臣的他被占领军在形式上问责，当作 A 级战犯在收监的过程中病逝。

儿子东乡文彦继承他的意志，成为二战后驻美大使大显身手。尽管从孩子身上得到了些许抚慰，艾迪女士还是于 1967 年在广尾的家中安静地咽下了最后一口气。这时距离开信浓町的房子已经 53 年了。

在艾迪女士晚年，熟知神户外国人住宅的博物馆馆长坂本胜比古试图采访关于德纳兰的事情，据他说，“夫人的美貌丝毫不逊于当年。”

到了 1985 年，也就是造访镜子之家听闻可尔必思云云的五年后，4 月 9 日，在报纸上看到了东乡文彦氏的死讯。虽也说到了父亲茂德，但母亲艾迪却未被提及，这并不意外。

过了几天，接到了一通电话，“我是华盛顿日报的记者，想请教您有关德纳兰的事情。”

就连在日本也找不出知道有着名字像德纳兰这么奇怪的建筑师的记者，这是怎么回事？充满疑惑地约好日子后充满疑惑地等候，猛地打开门，只见是一个穿着战地记者似的服装的年轻人。肩附近刺有黄色刺绣，腿也站得笔直，一看就是在那边长大的日本人。

接到名片，看到上面东乡茂彦几个字便明白了事情的原委。原来是从祖父茂德和父亲文彦的各取了一个字的名字。

“虽然知道祖母艾迪再婚的事情，但最近才从别人那里得知前夫是知名建筑师，并且他和艾迪祖母居住的自宅还存留至今。不知怎的特别高兴，想多了解一些……”

我请他看了侦探同伴堀勇良先生收集的整整一袋关于德纳兰的资料，顺便告诉了他住在德国科隆追寻德纳兰四个女儿下落的美智子·迈特（音译）博士的联系方式。

据迈特博士说，母亲再婚后女儿们在德国被抚养长大，结婚后四散于德国、意大利、法国等欧洲各地。

又过了三个月，接到了来自东乡记者的电话。“父亲的葬礼也办完了，接下来准备按照迈特博士告诉我的信息去见欧洲的阿姨们。”

“那个，信浓町房子的事……”

“那是自然，会拍下照片带去的。也会问问她们从前的事情。”

“那就回见了。”

第九章　意图私造东京者传
——兜町和田园调布

这里是哪?

在城市中东游西逛，偶尔会产生自己被卷入异空间之中的感觉。这种地方通常都是从大道倾斜切入随后展开，老建筑随意地排列在像死胡同一样不知前方有什么的路边，路过的女士都是身着藏蓝制服，仿佛只有这里的时间流逝得格外缓慢一样。

一座一座寻找西式建筑十分有趣，但在侦探职业中，再也没有比被卷入这样诡异的街景中更幸福的事情了。就像发现鹿群的猎人一样，藏匿脚步，翕动鼻翼嗅着城市的气味，无声地前进。

仅仅在东京，就有效仿德国集合住宅运动[1]建造的乃木坂村、从美国归来的农学家按自己的风格诠释的西班牙村、几年前被毁坏的猫比人多的下北泽的文化集宅、广告牌式建筑鳞次栉比的神田柳原大街和筑地六丁目一带，二战前的影响仍旧残留在这些街上。

兜町也是其中之一。

从圆筒形的东京证券交易所向右拐，走在缓缓曲折的路上，有着石柱廊、拱门以及赤陶装饰屋瓦的证券公司的建筑物一个接一个地露出来（图 9-1、图 9-2）。通常石造建筑会展示出来的威风凛凛的正面，不知是否因为道路狭窄而曲折的缘故，在此处全然隐匿，取而代之的则是从石墙中渗出的细碎变化和历经沧桑的安宁。罗马和伦敦的深街隐巷一定也是同样的景象吧。

“日本的西式建筑也不可小觑啊。”立志成为建筑侦探的新手若能发出这样的感慨，就已经足够了。已经尝遍使出浑身力气追逐星辰的快乐和辛苦。而累积了两三年侦探经历的老手就不一样了。他们的体会更深一层。

---

1 德国集合住宅运动：19世纪20年代，欧洲各国先后兴起探求“集合住宅”应有形态的运动。1927 年，德国城市斯图加特举办了名为《居住》的住宅展览。此次展览由德意志制造联盟主办，斯图加特市政出资，密斯・凡・德・罗为主持建筑师，在城市北部山坡的一块住宅用地上建造了魏森霍夫住区。

“为什么它会建在这里”，推理的乐趣就在这更深的地方。

到底为什么兜町这种偏僻的街区里会残存着如此老到的角落呢？要使之建成，可是需要相当的资金和时间的。到底是谁建造的呢？

直接说结论吧。星辰是涩泽荣一。无论什么城市和建筑，单靠建筑师和城市规划师的力量不足以使人发出“这里是哪”的疑惑，还需要后盾。这后盾也并非组织和机构，而是有着强烈意志的个人。兜町的资助人是涩泽荣一，他梦想中的街区诞生了。

但生于埼玉县农家的涩泽到底为何背井离乡来到都城，踏上实业之路并痴迷于街区建设的呢？又为何偏离日本实业界的正轨陷入背街小巷并且收益甚微的建筑中呢？我试图对其“犯罪历史”进行推理。

是什么驱使他这么做的呢？

图 9-1 兜町的街道

兜町是始建于明治初期的西式建筑街区，如今也充满异国风情。

图 9-2　背巷中显现的证券交易所

从南面小路中看到的证券交易所的壁画如今已经看不到了。

这篇文章就是关于在东京街区和建筑的资助人史上绝无仅有的一位残暴罪犯的调查报告书。

首先从使涩泽深陷其中的建筑的特质说起吧。诚然，建筑可算作文学、绘画和喜剧这些艺术表现手法之一，但一眼望去便可发现它和其他表现领域有以下三个不同之处。

第一，建筑无法表现悲伤，这么说可能有些奇怪。

在近代，也许是由于出卖同伴和神换得自由和商品的缘故，人们身体的一半不可避免地浸入孤独、无信仰和虚无之中，其结果就是无论文学还是绘画，大多数近代艺术都是建立在人类所畏惧的阴暗面之上。然而建筑的表现却无奈于无法触及人类阴暗的部分。换句话说，终其一生也只能是可以和蒙德里安[1]并肩，却无法企及蒙克[2]。建筑这种表现方式，也许可以使人感到快乐或意气高昂，但却无法救赎人的内心。

第二，建筑是诸多艺术中的黑洞。

“建筑是综合艺术”这种既不能洋洋得意又不能自暴自弃的说法直到今天仍然存在。诚然，在贪婪恣意地摄取所处时代的前沿技术、各类艺术、思想、宗教等一切领域的养分这一点上，再也没有比建筑师更甚的饿汉。因此建筑确实是集所处时代大成于一身的综合艺术。但不可思议的是，尽管汲取了其他领域的多彩光亮，却无论如何卖力也始终无法反射出使其他领域为之动摇的光芒，也从未听说过其他领域的表现者从建筑中汲取养分的事情。几乎像是宇宙虚空中遥不可及的黑洞一样，又或者是车站前的弹珠店一样，贪得无厌地一味索取却不予付出。与其说是综合，倒不如说是无出路的艺术。

第三，是没有委托，建筑就无法开始。

在深夜悄悄写作小说便能诞生，手执画笔便能绘成画作，和同伴交谈便能创作出戏剧，而建筑却行不通。不打来委托的电话，建筑师就不会行动。建筑是没有他人的意志就无法开始自己创作的极为奇怪的艺术。

以上三点是从建筑这种表现领域的斜上空眺望到的，而最后的“没有委托，建筑就无法开始”，正和资助人问题相关。

在没有委托就无法开始这点，建筑师和医生、律师、侦探和送外卖的伙计颇为相似，但有一点却和他们不同。没有出于要培养出好医生的愿望而来到医院的病人，也没有为了培育出正义的律师而犯下罪行的被

---

1 蒙德里安：彼埃・蒙德里安（Piet Cornelies Mondrian），1872—1944 年，荷兰画家，风格派运动幕后艺术家和非具象绘画的创始者之一，对后代的建筑、设计等影响很大。
2 蒙克：爱德华・蒙克（Edvard Munch），1863—1944 年，挪威画家，现代表现主义绘画先驱，代表作《呐喊》。

告，但在建筑的世界里，尽管也极其罕见，却有抱着成就优秀建筑师的愿望来委托设计的人。这样的人被称作资助人。

所谓资助人，也就是成就建筑师的人。在这句话中加上修饰词“好的”就变成：好的建筑出自好的建筑师之手，而好的建筑师则是由好的资助人造就的。只将原因和结果组合起来的话就是，好的建筑是由好的资助人造就的。

这个说法的正确性，只要到明治以来建筑师诞生的历史花园游玩一番，就一定会即刻表示赞同。春天一时的繁花似锦暂且不提，一贯四季而不衰的建筑师通常都植根于好的土壤中，其根部生长于名为资助人的营养丰沃的土壤之中。然而不知为何，至今却几乎从未有人论及这土壤。随便翻开正统养花名家的园艺书，第一章无一不是关于“养花即是养土”的论述。例如，在园艺这种爱好的古籍中享有盛名的捷克剧作家卡佩克的《园艺家十二月》中，开篇就是马粪赞歌。

“园艺家在可能的范围内竭尽全力改良土壤。在家中积攒蛋壳，烤制午饭剩下的骨头，积攒剪下的指甲，扫出烟囱中的煤灰，搂出阴沟里的泥，扎起滚落在路上的漂亮的甜甜圈形的马粪，一个不落地仔细埋入土中。因为它们是使土壤变软变热并为之补给营养的物质。只是，碍于微妙的羞耻心，园艺家从不当街拾取马掉下的东西。但每当在铺装道路上看到大块的肥料堆成小山，园艺家还是会不禁发出‘哎、哎’的叹息吧。马粪真乃神赐予的宝物！”

如果小看了路边的马粪对培养土壤的作用，就不会受到好的资助人的眷顾。什么样的肥料会掉落在哪里，只有上天知道。比如说，下面说到的田上义也的机遇说不定也会发生在你的身上。

田上在赖特的手下担任帝国酒店的设计助手之后，曾提出拜入赖特门下为徒的请求，却被赖特训导“在我这里工作就不会成为我之上的建筑师。独自去外面闯荡开辟道路，才能创作出自己的建筑。”他便放弃了，在对将来的安身之计感到迷茫之际田上遭遇了关东大地震。几天后，以黑色斗篷和手杖的赖特式装扮前往浅草寺一带寻找友人的时候，他遇到一位占卜师，这位占卜师说道“这方池塘里的鲤鱼虽然不能跃瀑布，但如果将它们置于利根川中，就能游过长长的河流跃至瀑布之上。”听到这番话，他做出了一个重大的决定，要去还未开垦的天地北海道……那天晚上，仍以黑色斗篷和手杖的装扮离开住惯的公寓，因为没有什么时间，所以搭上出租车沿铁路线路朝上野飞驶。以前没有那么多列车行驶，所以有时就沿铁道开车，但这次差点就撞上火车了。看到前方的光亮，司机慌忙转动方向盘使车偏离铁路路线。侥幸活着到达上野车站的时候，列车眼看就要发车了。经历了这些事后，田上坐到座位上时已经昏昏欲睡了。这时坐在前面座位的一位白发老绅士将一个红苹果放到了他的手上。这位善良的外国人就是约翰·巴彻勒先生[1]。如果在这个时候没有遇到老师的话，之后的田上一定是另一个样。这就是命运啊。那之后，他几次到访老师在札幌的家，接到巴彻勒学园的项目后，并在 1924 年创办了建筑事务所。

遇到资助人的机会，一定像马粪一样常常滚落在马路、铁路或者航空线路这样人们无意中经过的地方。

那么，明治以来屈指可数的马粪中，到底该把哪个放在最高的位置上呢？时间大致可以确定为这次的战争以前。这是因为，以战争为分水岭，世上的钱就不再集中于个人，而变为集中在法人组织上，这就导致所有艺术领域的资助人能给予的资助也变少了。

事实上，被称为电力魔头的松永安左卫门将谷口吉郎领进茶道界并介绍给各界人士，中央公论社的屿中雄作把住宅设计委托给穷困潦倒的

---

1 约翰·巴彻勒（John Batchelor）：1854—1944 年，英国圣工会传教士，阿伊努（日本少数民族）研究者，被称为“阿伊努之父”。

白井晟一，仓敷纺纱的大原总一郎为同学浦边镇太郎预备仓敷市的街区，这些都是二战前的事情。二战后，这样的基肥开出了花朵。而当脑中浮现建筑师和资助人的组合时，若说到纵贯明治、大正、昭和几个时期的巨头，除了涩泽荣一再无他人。

但也并不是毫无犹疑。

首先，从创立了以第一银行为首的五百多家企业可以得知，他以日本资本主义的产婆角色闻名。在资料方面，从《涩泽荣一传记资料》全二十七卷到城山三郎的《雄气堂堂》可谓是汗牛充栋，个人文献的完备程度恐怕再无第二人可比拟，以至于发现文献时的喜悦也减弱了不少。其次，从经营到人事全程指导了木工领袖清水屋向清水建设的演变，还担任了大成建设（当时的日本土木）的创设委员长等，不但帮助建筑师个人，还经常照管整个建筑界。此外，在城市建设方面，从 1872 年的银座砖街计划到 19 世纪 90 年代的市区改造计划，再到震灾重建期的重建辅助公司，涩泽经常坐镇城市规划的中枢，可以说是东京建筑和城市建设的首席资助人。但也由于有些高调，与资助人的隐秘性有所不符。第三，涩泽生于天保十一年（1840 年）并于幕府末期已开始活跃，虽然殁于昭和六年（1931 年），其壮年是在明治和大正时期。

但是提名涩泽有以下不妥之处。

第一点，即便对涩泽作为经济界人士的研究如何详尽，但其作为建筑和城市建设的资助人的业绩却从未被特地论述；第二点，在照管整个建筑界的同时，也为了培养年轻的辰野金吾而资助他多个项目；第三点，田园调布作为涩泽人生最后参与的项目，城市建设成果传承至今，他的志向绝不是可以被扎成一捆放进历史的抽屉中那般陈旧。

让我们继续说这个人吧。功成名就的人成为茶道、绘画，以及学者的资助人的例子并不少见。事实上在涩泽的周围不乏赫赫有名的资助人。他的后辈，三井物产的创始者益田孝在幕府末期的维新动乱中成为衰退的茶道界的后盾，帮助茶道实现了复兴；朋友大仓喜八郎兴建大仓集古馆并担任东洋古代美术界的守卫者；一生的对手三菱的岩崎家四代，也就是创业者弥太郎、弥之助、久弥、小弥太，分别是画家、工艺家、书法家、诗人，还有汉学者诸桥辙次的资助者。

若是作为书画、茶道和园艺的延伸的数寄屋和茶屋也就罢了，如果对象是明治以后才兴起的新的西式建筑的话，能够在新奇之外全身投入并得心应手的人少之又少。对于讲究资助对象地位和渊源的新兴资助人来说，对历史尚浅的日本建筑进行资助可谓一场革命了。仅仅给予项目的设计机会只能算是委托人，要称得上是资助人，最起码要有见识。这也并不是只要有钱有时间就能做到的，而是要在心态从容的时候还有着对建筑的新鲜感。在面对不能借助传统累积的外国建筑时尤其如此。

涩泽荣一可以说是一脚踢飞传统的资助惯例，成为建筑师资助的第一人，而这得益于他丰富的经历。因为在幕府末期的丁髻[1]时代，他便早早地看到了花都巴黎。

一个埼玉县农民的儿子和巴黎的相遇，不得不说是变革期特有的坎坷命运。

年轻时的涩泽荣一是维新后敦厚之人无法想象的鲁莽青年，虽说是村长之子，却将乡下百姓的身份置之脑后，全然接受了尽忠天皇思想，以农业和买卖靛青赚得的积蓄来到江户，在玉之池的千叶道场学习北辰一刀的剑术。

至此倒也安分守己，但之后却和其堂弟喜作（后以横滨的蚕丝商人出名。涩泽龙彦的祖父）等同乡们商议谋划了尊皇攘夷的倒幕起义。首先攻陷北关东的要冲高崎城，后下至镰仓街道在横滨的外国人居住地纵

1 丁髻：江户时代日本男子的发型之一，前额头发剔去大片，剩下的头发梳到脑后部绾成发髻。

火，将洋人赶尽杀绝。可以说这是之前长州的高杉晋作、伊藤博文、井上馨毅然发起的御殿山英国领事馆烧打事件的埼玉版。然而，正当武器调度完毕，即将起事之际，突然冒出慎重的论调，主战派的涩泽荣一遭到打压，为了躲避幕府的搜查而出走江户。幕府循着遭抓捕的同谋（发狂而死）这一线索逐步逼近，而为避风头他逃到京都，还须得到通行证。

走投无路的涩泽荣一投奔千叶道场的相识，一桥家的管家平冈四郎欣赏他的相貌和才华，让他成为平冈家的侍从，从而得到了通行证。这或许可以说是历史的契机，一桥家正是拥有将军继承权的名门。这样逃到京都的涩泽荣一不仅继续寄居于一桥家，在买卖靛青的经历中练就的经济才能还得到赏识，竟位至末等武士之列。在此财政匮乏之家，善于理财的涩泽荣一逐渐获得认可，最终升为一桥家的财务支柱。

即便如此，命运女神也没有停止捉弄，1866 年，主家的一桥庆喜竟成为将军。就连涩泽荣一也觉得在倒幕起义不过几年之内就倒向幕臣这命运的玩笑也太过分，于是提出了辞官，可庆喜非但没有应允，还将他派往法国担任万国博览会的幕府使节团团长德川昭武（庆喜之弟）的干事。

就这样，在 1867 年，在旅欧途中不知日本已进入明治时代的埼玉百姓家的青年瞬息之间便成了巴黎人。

如果巴黎仍是中世纪那样，城墙环绕，道路交错，建筑阴影深长而复杂地重叠着的话，那么涩泽荣一还会关注建筑和城市建设吗?

幸运的是，涩泽荣一所遇到的正是在拿破仑三世的统治下，按照巴黎市长奥斯曼大改造计划重建一新的“花都巴黎”。林荫大道纵横贯穿城市，鳞次栉比的公寓一望无尽，广场和公园还有巨大的歌剧院、市场、政府机关装点着城市。这样的城市建设称为巴洛克城市规划，对同时期的世界各国产生了巨大的影响，之后以勒·柯布西耶为首的近代主义建筑师的城市规划也发端于此。就是在这样的历史性的城市建设还有一两年即将完成的时候来到这里的涩泽荣一，与其说是到访了花都巴黎，倒不如说是见证了它的完成。

让我们从涩泽荣一的日记中一睹他在巴黎的每一天吧。

“5 月 3 日，晴。晚八时开始陪同参观剧院。依照常例，在欧洲一般典礼时，帝王邀请款待各国使臣时才能参观此剧场。因此身着盛装前往，其戏剧结构分明而又与音乐相和，一幕结束有舞蹈。五六十个妙龄少女着短款彩衣襦裳手舞足蹈，婉转跳跃，如百花风中缭乱却整齐划一，舞台景象与瓦斯灯被五彩玻璃反射恣意发出光彩，映出舞者的脸庞和身后光环，或呈现雨色、月光、阴晴、明暗。变化自如，值得近前观赏。”

受拿破仑三世之邀观赏剧院的转天又受到巴黎市长奥斯曼邀请，出席在市长公邸举行的舞会。

“5 月 4 日，晴。晚十时陪同观看舞蹈。此等同茶会之盛举，设施颇华美。其席上宾客皆盛装相聚，相互观赏，演奏音乐，根据曲目择年龄适合者配对携手比肩舞蹈。此会于法国称为‘Bal’，似本国盂兰盆舞又大不相同。”

进行到深夜的舞会第二天是巴黎观光。终于登上凯旋门。

“5 月 5 日，晴。上午攀登本地有名的凯旋门。于此恣意眺望四顾。正面通向王宫门前，直线长约十八丁[1]，中间分为三叉，道路宽敞，马车货车可通过。两侧瓦斯灯排列整齐，又有树木荫翳。背面的大街亦是笔直，长约二十丁，越过横跨塞纳河的铁桥，是拿破仑一世巨大的铜像。其正面宏伟的城堡是巴黎圣母院。左侧高耸的是万神殿，右边远方船只通行处是塞纳河。岸边巨大建筑为公议院、铸钱局、外务局，其右椭圆形状建筑为博览场。目眩而觉恐惧，观赏后走下。”

顺便介绍一下参观动物园那天的事吧。“有来自非洲丑陋无比之海怪。其脸大如牛，足粗而短，全身无毛，皮如蛤蟆厚，甚是凶猛强健。

---

1 丁：长度单位，一丁约 109 米。

其口方大似祇园会用的狮头。常置于水中，投掷喂食专用面包遂出水食之。”这是与河马的相见。

涩泽荣一在约一年半的时间里受到拿破仑三世的邀请，并由奥斯曼引导遍览花都。在这个时期体验过巴黎的日本人，除了幕府使节团，还有秘密出国的萨摩藩使节团，虽然在维新之后大批富家子弟涌入巴黎，但涩泽看到的巴黎和其他人看到的巴黎之间存在着决定性的差异。这个城市规划在功能充实的同时，还兼具宣示国家雄威的帝都风貌，可以说是以被马车队簇拥着驾临阅兵式的皇帝的俯瞰视角，而不是从市井民众的眼中进行的城市建设。得以以这个视角眺望巴黎的，除了由拿破仑三世亲自引领体验城市和建筑的荣一一行再无他人。

其后虽有成岛柳北和永井荷风对巴黎由下自上的解读，长谷川尧、前天爱等人的出色论述和研究成果，但好坏先不说，荣一却是以城市建设的主人公的视角威风凛凛地从正面看巴黎。

涩泽荣一的资质和拿破仑三世相距甚远，但他算作明治统治阶层中少数没有失掉能够理解柳北和荷风的感觉的人物之一，更有必要俯瞰巴黎。若他是自下而上仰望的，那么回国后就不会想到解体旧封建城市江户这样狂妄之事，而一定是踩着晴天专用的木屐终日沉迷漫步花街柳巷度日，若是那样，近代日本就会失去新建筑和城市建设最大的资助人吧。幸运的是，花都使二十七岁的青年大开眼界后回到日本。

开阔眼界后，也不是能够马上成为资助人的。可以感受花的色彩和香气，不代表马上就有了插花的技能。同样的，要获得资助人的资格，还有一点，那就是要使自己拥有不轻易退缩的执着。这不能靠见识或阅读，而只能在实践中获得。茶道界的资助人益田孝在自以为傲的鉴赏眼光屡次被赝品茶道具蒙蔽之后，仍不放弃，以甚至到了愚顽程度的热情在四张半榻榻米大小的茶室中踉跄攀爬的样子，在白崎秀雄的《钝翁·益田孝》中被描画得十分详尽。而建筑也并不例外，要彻底被它俘获，就必须穿过无法幸免的恋爱的炼狱。

涩泽荣一，就陷入位于东京角落里叫作兜町的小街区无法自拔。

兜町如今以金融交易中心为人所知，但从前却并不是经济街区，在江户初期是海贼奉行[1]和向井将监[2]的官邸所在地，在江户末期成为牧野河内守的宅邸，以拥有活水泉池的名园而闻名。

从成为幕府的海军据点所在地，以名泉池闻名这些可以得知，它占据有利的水资源，位于江户的水运大动脉日本桥川、枫川以及堀留町运河的水运交叉点。在大名的宅邸因明治维新被充公之后，兜町成了存留在交通要塞上难得的空地。

不用说，眼尖的新政府和从幕府末期就在此经营交通机构的巨贾三井家族自然不会放过这一地区的利益。不管庆应改换为明治与否，大藏省在三井的帮助之下，先后创建了收税局、商法局、商法会所、通商司、汇兑公司等经济官署和商业机构。虽说土地可以盈利，但无论做什么都缺乏资金，商业机构仅在构想阶段便结束，一切都在不到两年的时间里废止，再次变为了闲置的国有土地。涩泽荣一重新登上历史舞台正是在这样的时机之下。

再回到那之前，在涩泽逗留巴黎期间幕府消亡，作为亡朝遗臣回到日本的涩泽遵从庆喜的指令回到德川的故地静冈，照旧在财政筹措中施展才干。那时候的新政府困于人才的匮乏，决心启用幕府旧臣，于1869年将涩泽从静冈被召回东京，竟将可谓是中枢之中的中枢的大藏省[3]主税局长之职委任于他。尽管不得不再次转变方向，涩泽在接下来的一段时

---

1 奉行：武家时代的职务名，负责执行公事者，始于镰仓幕府。

2 将监：近卫府（担任禁宫中守卫、天皇巡幸的警卫任务）的三等官职。

3 大藏省：是日本自明治维新后直到2001年1月6日期间存在的中央政府财政机关，主管日本财政、金融、税收。

间还是在大藏大辅[1]大隈重信、大藏少辅[2]井上馨的手下倾力新经济体系的构建。

让我们回到兜町，1970年12月，拥有完美地理资源却变回空地的元牧野邸旧址的三分之一被无偿转让给明治维新时为官军提供资金功劳的三井家族。给三井的呈报书中写道："……三井同族各店望倾尽全力建造西式银行……"，这篇文章是涩泽受上司大隈、井上之命草拟的，由此看来此时的大藏省和三井家族决定将这片土地开发为日本新的经济中心。

如此一来，三井以外的御用商人也不甘落后。明治维新的战争费用的募集以领头羊三井和小野、岛田为中心，世人称这三家为新政府的御用商人。小野和岛田也要求转让土地，最终，政府在1871年9月将给三井后剩下的部分分成三份，其中一份再次转给三井，其余一份转让小野，一份转让岛田，并将这片地区命名为兜町。

这次的转让文书自然和上次一样，由涩泽等人起草，"……建造商业枢要的诸物品贸易之所，与自他商民之便，资助诸物产买卖通融，以报鸿恩之万一，且此番八郎右卫门方（三井）望建造西式御用所（银行）以作商行，再次一同请求建造西式建筑，壮大商业……"继上次的西式银行之后，这次决定将兜町全区建成西式建筑街区。取得土地时还特地记载街区风格的事例十分罕见，这其中大概渗透着涩泽在巴黎的感悟。

就这样，御用三家连同大藏省一起的新经济中心的城市建设开始了。首先，以三家的资本修建了连接兜町和日本桥川对岸地区的铠桥，城市建设看似顺利地起动了。但是，三井、小野和岛田家族给幕府方面和倒幕派提供了同等军用资金，其他商人一有机会便想将其挤掉，大藏省想操控它们，这三股势力是不可能相安无事地渡过日本桥川的，而船头的

1 大辅：日本古代制度律令制八省中位列第一的官职。
2 少辅：日本古代制度律令制八省中位列第二的官职。

掌舵之争没多久就开始了。

争斗首先由三野利村左卫门和涩泽荣一点燃，他们围绕西式银行展开攻防战。涩泽首次尝到建筑战争的滋味。

在攻防之前，有必要先介绍一下守方三野村利左卫门。他是封建商人三井家演变为近代企业三井的最大功臣，可竟连其真实姓名也无从知晓。关于他的出生和年幼时期，只知道他自懂事时起就是流浪儿。流浪各地后来到江户，恰巧被幕府末期有名的勘定奉行小栗上野介捡到，从此进入三井，作为勘定奉行和三井的联络人参与了横须贺制铁所的建设，并借着幕府末期动乱的机会，凭借天生的洞察力和胆识爬上大掌柜之位，对外坚决捍卫政商三井的利益，对主家则提出“第一条，三井组家产为三井组而非三井氏，当下明确其权限，不得营私”“第三条，三井氏同族玩忽职守反乱用宗家职权，或挥霍浪费财物者，皆可不经总辖（三野村）指令，凡违背规则即刻幽禁”的刻薄要求，确立了资本和经营权的分离，为三井家族企业在近代存活下来铺设了道路。尽管是这样的人物，却目不识丁，甚至连自己起的三野村利左卫门的名字也不会写，拿起笔便只画圆圈，不论署名还是其他什么都以圆圈解决。

这位三野村在明治维新之后立下的悲愿正是银行的创立。于是，1971 年在大藏省掌握开设银行决定权的涩泽荣一的许可之下，着手建设日本最初的“西式建筑”三井银行。不用说，地点是官民商定的兜町无偿转让用地。设计和施工是建造筑地酒店的木匠师傅清水喜助，他在江户家喻户晓，是维新后即刻能够把西式建筑建造的像模像样的唯一木匠师傅，也是之后的清水建设的创始者。

造型称为“拟洋风”，是略显奇怪的和洋折中样式，加上这座建筑较高，所以比通常的拟洋风更强烈，可以说是添加了五成西式设计的天守阁建筑（图 9-3）。

图 9-3　兜町城堡·第一国立银行的复原模型（清水庆一郎博士复原）

木骨石造结构的一、二层以西洋风格为基调，三层以上则以日本城堡的形象为基调。

建造银行这种最新形式的建筑却运用了天守阁的意象是有理由的，大概是流离于诸国城下的流浪儿心中盘踞着“给自己一个家，甚至一座城堡”的执念吧。只有新垦地兜町，才与被三井家毁谤为“杀主家”“明智光秀”的三野村的城堡相符吧，而非三井家的故地日本桥骏河町（现三井银行本店，三越商场一带）。围绕这座建筑的种种事情，请参阅初田亨所著《都市的明治——路上的建筑史》（筑摩书房）。

说回银行的建造，1971 年 7 月开工，转年按照计划取得银行设立许可状，尽管还有一部分未完工，但也要赶在同年 11 月举行上梁仪式。三野村却在新家撒欢的小孩一样早早地将兑换店（银行的前身）和大元方（三井集团的司令部）等部门从骏河町搬迁。骏河町只剩下吴服店（之后的三越商场）、一些兑换所和自家住宅，而三井的重要部门在竣工之前才搬到了三野村的兜町城堡。

转年 6 月，城堡追赶似地竣工，被命名为“三井组住宅”。然而，日本首家银行终于要开业的时候，涩泽荣一竟提出了将刚刚完工的三野村的城堡交出的强硬交涉。事情要从竣工两个月左右前说起。

在三野村看来，转让土地和创设银行都是在和涩泽商议后进行的事情。理在自己一方，而涩泽的要求无论怎么看都是说不通的。可涩泽看似无理和不可理喻的变卦却是有理由的。那时，他对于新经济已经有了自己的明确理想，通过排除垄断实行合本（民间共同出资），从而实现英国那样自下而上的资本主义。为了实现这一目标，就算推翻自己说过的话，也要将三井逐步显现的垄断势头就此遏制。兜町的开发除了三井，不是也已经分别交给小野和岛田一份了吗。正因为是作为孕育日本民间企业的银行，才更有必要体现出合本的精神。出于这样的考虑，涩泽将之前和三井的商谈一纸作废，将银行的创设方针转变为小野、岛田等多家持股合资，盯着竣工两个月前的三井组住宅的建造工程，在 1972 年 4 月逼迫三野村，三井银行即刻中止，创设三井小野组合银行。

事情的经过三井三郎助的日记里有详细的记载，交涉被概括为：“4 月 15 日，涩泽、三野村、小野善右卫门于大藏省会面，涩泽提出条件。4 月 21 日，涩泽、三野村、小野于小野邸会面。4 月 28 日，涩泽、三野村、小野与中间人五代友厚于日式料理店忠臣亭会面。5 月 1 日，再次于三野村邸会面。5 月 10 日，大藏卿大久保利通、参议大限重信、涩泽等大藏省首脑同三野村、五代于三野村邸会面。”

尽管涩泽搬出大久保利通连劝说带逼迫，三野村还是对三井独自创设银行的既定方针不让一步。被激怒的涩泽可以说有些滥用职权意味地打出了王牌，宣布收回三井家的公款使用权，并将其转移到三井小野组合银行。在日本还没有银行的当时，国库的年度支出是委托给以三井、小野和岛田等少数御用商人的，这些商人从中得到巨大的利益，可如今不但要收回这个权利，还将其转移到正在商议创设的组合银行，也就是纯粹的空头公司，真可谓是出其不意的一招奇袭了。摆在三野村面前的选择只有两个，要么加入空头公司后创立真正的公司，要么和大藏省断绝联系。无论选择哪个，筹备至今的三井银行都要废止。

再看看日记吧。

“5 月 21 日，井上大藏大辅、涩泽、三野村于井上馨邸会面，由井上通告收回公款使用权之事。5 月 22 日，拜访小野、三野村并一同拜访涩泽邸。5 月 24 日，井上、涩泽、三野村、小野于涩泽邸会面。5 月 25 日，涩泽、三野村于涩泽邸会面。5 月 26 日，三野村、小野于小野邸会面。”

在一个半月的谈判之后，三野村终于向涩泽屈服，于 6 月将三井小野组合银行的创设交付大藏省，讽刺的是此时正是三井组住宅竣工的时候。

如此，竣工的三井组住宅没有迎来挂上三井银行招牌的那一天，但这座城堡作为三井大本营的方针没有改变，三野村将中枢机构全部从骏河町移出，并开始以城主的身份坐镇指挥。据他的副掌柜回忆，“（如果迁至兜町）业务将变得非常繁剧，三野村着轻装，木棉和服、皮色木棉后开衩外褂、白色小仓裙裤，佩带大长刀东奔西走，实在是有胆量。他一个小时也从未坐下过。向我等下令时也命我等站立而不许坐下。三野村一来大家都起立，站着说话。”

三野村俨然武将巡游自己得到的城堡一般，无暇顾及三井小野组合银行的建设。他想，兜町有的是空地，交给涩泽的话他一定会随便选择一块吧。

然而，涩泽竟想要三井在自己的土地上自己出钱建造的三井组住宅用作三井小野组合银行。新银行所需用地只要从兜町的三井、小野、岛田所有的空地中选定就可以，资金也丰厚，时间也并不紧迫，为何会提出如此得寸进尺的无理要求呢？或许这也是出于合本主义理想的举动。

如果三井组住宅不是那么让人印象深刻的建筑，也许涩泽就不会盯上它。不同寻常的表现力反而让三野村吃了苦头。

这座建筑在建造过程中就备受民众的关注，在竣工的同时也成为文明开化的象征，被印成彩色浮世绘，就连偏僻的乡下也妇孺皆知。人们对它的喜爱甚至到了给予香钱的程度。

这座建筑既非城堡也不算西式建筑，形态奇怪而有力与明治维新不久后人们的心境相契合，而且，建筑用地位于相当于兜町大门口的海运桥旁，极其显眼。在那之前甚少被人想起的兜町一带以这座建筑的出现，在人们心中的东京地图中有了一席之地。人们纷纷议论那里正有什么事在发生，三井家族在做什么？若以三井组住宅为城堡，那么兜町周边自然就看起来像下沉的城下町了。

三井住宅名声越来越响，和三野村预想的一样，此时，涩泽的合本主义理想也无疑像每天被无数蚂蚁啄蚀一样，感到不安。将兜町的土地在转让给三井的同时也转让给小野和岛田，或是商定建造西式建筑，迄今为止兜町的开发都是向着基于合本主义的西式城市建设方向发展的。然而随着三井组住宅的竣工，兜町却在人们心中沦为了三井的城下町。

也许有人可以无视人们的想法和建筑，但，在这里的是因巴黎而开悟，意气风发的三十二岁青年官僚。建筑对于大众强烈的意象唤起力，可作为城市建设以及更广层面的社会建设的武器，涩泽怎么会眼睁睁让城市建设的武器落到敌人的手里呢？

另一方面从敌人的角度来说，竭心尽力塑造的意象主导权又怎么能白白拱手让人？我认为三野村对于建筑力量的了解很可能不逊于涩泽。又或者说是，一直以来对建筑的渴望到了几近可怜程度的人，更容易理解吧。和人在空腹时能更鲜明地想起食物一样，不曾拥有停靠的家和归属的流浪儿一定怀抱着有朝一日想要实现的梦想，大概就是在流落到江湖之前几次经过又被拒绝的城堡和城下町的意象吧。如果说三野村心中有兜町的未来图景，那一定是三井的据点像城堡一样，周围则像城下町一样追随着它的重现封建城市的构图吧。

涩泽为了让这幅构图作废，第一步就是将三井对作为兜町心脏的银行垄断打破，掌握城市的实质，接下来第二步则是发起意象战争。

涩泽当然不会理会三野村对他不择手段的“无理”指责。在他看来，从土地的转让到银行的创设都是靠着自己的指导才得以实行，是否要将它们推翻都随自己的意。归根结底，政府的御用商人有所谓有理与无理吗？他们的“理”的存在本身就是无理的，这已经向他们说明很多次了，涩泽正是如此考虑，才向三野村提出交出城堡的强硬要求吧。

7 月 27 日，三野村正式被通告交付，在转天他召集了会议。地点是骏河町的土窑仓库，聚集了三井各家头领八郎右卫门、三郎助、次郎右卫门和以三野村为首的掌柜们。这天会议的情形也记载在次郎右卫门的日记里，“于土窑仓库会面，商议之下一同决意及早迁至兜町三井组住宅，与小野氏之合并（三井小野组合银行）再议”，如此做出了拒绝交付和尽早结束搬迁的决定。

然而从日记又得知，没过几天，以八郎右卫门为首的头领们便开始动摇。兵法曰：“避实而击虚”。涩泽于 8 月 14 日召集了除三野村以外的三井家首脑并对其展开攻势。依照日记记载，“掌柜纯藏向涩泽说明三井组住宅备受瞩目，涩泽却表示，一切都是高层的想法，即便齐藤、三野村反抗，也是高层下决定，也不是完全不担心社会舆论。”涩泽知道在三井组内部，只要大掌柜三野村不点头就不能做任何决定的情况下对三井家的当家们发起了攻击。

第二天的日记里写道，“昨夜拜见涩泽大人，与三野村的谈话非常不满意，日比谷大人进行劝说后，决定暂且那样处理。”

但是，“日比谷大人”（何人不明）的策略似乎也没有奏效，终于，三野村也将战线后撤一步，根据 8 月 19 日的日记记载彻底放弃抵抗，进入谈判阶段。

于是 9 月 1 日，双方各让一步，达成三井组住宅交付三井小野组合银行，作为补偿三井可在骏河町设立独资银行。三野村用舍弃城堡换取了单独的银行开设权，涩泽则为了得到城堡对合本主义的原则让了一步。可谓是妥当的妥协了。

最重要的是，作为买方的涩泽，对于这次双方商定的三井组住宅出售费的荒唐报价到底是否是知情的呢？根据当时三井掌柜的回忆，“听到转让的通告大家感到十分失望，而三野村却安慰大家，‘我自有对策，你们也不必灰心。’”这对策后来才知道是以十二万八千日元将从前兜町的建筑（三井组住宅）卖给了第一银行（三井小野组合银行）。将只花费五万八千日元建成的东西以十二万八千日元卖出，用剩下的钱付清骏河町的建筑（日本桥室町的三井银行）的费用后，还余下几千左右。也就是说，三野村以原价两倍以上的价钱出手，以其中所赚利润在骏河町建造了三井银行。这家银行（1874 年竣工）的设计者也是清水喜助，外观为带有兽头瓦的拟洋风。

这样一来，三井组住宅回到了三井小野组合银行的手中，1873 年 8 月，日本最初的银行终于开业了。名字由三井小野组合银行改为第一国立银行（现在为第一劝业银行），尽管说是国立，却是由三井、小野、岛田和涩泽等 71 名申请入股的股东出资的纯粹的民间企业。所谓国立只是依照涩泽起草的国家法律而开设的意思。而坐在头一把交椅的正是辞官不久的三十三岁的涩泽荣一。

从 1870 年土地转让给三井到 1873 年第一国立银行开业不到三年的时间里，兜町的愿景终于要实现了。经过和三野村艰难的谈判，涩泽饱尝建筑和城市建设的喜悦及痛苦，他感到自己身体中对建筑和城市建设的执念已经生根发芽。于是，伴随着一位资助人的诞生，兜町开始走向日本的经济中心之路。以下将讲述他在这条路上的两三步，但在那之前还是先简单说一说三井和兜町自那以后的事情。

事实上在这个时候，兜町并没有完全摆脱三野村的影响。一场大胆的反攻在第二年就已经开始了谋划。那正是明治经济史上有名的小野组、岛田组破产事件，三野村老谋深算，使两个对手陷入破产，以手持过半数股份的最大股东的身份，逼迫第一国立银行的第一把手涩泽荣一在放弃合本主义和退职之间两者择一。这可以说是三野村对曾经那两次无理举动的报复。小野和岛田的土地被转卖给三井，兜町的全部土地都重新归三井所有（现在为三井不动产所有）。然而幸运的是，曾经因反抗涩泽而被从大藏省放逐的大藏省银行局长得能良介出人意料地站到了涩泽这边，使涩泽免于撤职。此后，三野村再也没有染指涩泽和兜町。

得到第一国立银行的城堡，为幕府末期以来的连续转变画上句号之后，涩泽将自宅搬到兜町，负责本国首家银行的同时也是首家股份有限公司的运营和成长。此时的他已经彻底开悟，并且成为经过试炼的资助人，全身投入到兜町的城市建设中。让我们来看看他的足迹吧。

城市不能空有建筑的躯壳却无实业，1873 年第一国立银行的创设以后的 20 年间，在兜町及其周边的南茅场町、坂本町三町创设了一个又一个企业和经济机构，并呈聚集之势。

在民间企业方面，以 1873 年的第一国立银行打头阵，同年在这一地区创业的王子制纸公司、1874 年从银座迁入的岛田组、同年名义上从大阪迁入，实质上是在这里创业的三菱公司、1876 年创立的三井物产公司、1879 年创建的东京海上火灾保险公司、1883 年从木挽町迁入的明治生命保险公司。

这样一一列出，会惊讶地发现超过一半的代表日本当代的大型企业都是在这里兴起的。

经济机构和团体自然也是同样的情形，股票交易所和银行集会所（现银行协会）分别于 1878 年和 1885 年创设，商业会议所也在 1892 年从木挽町迁入。

经济报刊也顺理成章地选择了这片土地，1876 年中外物价新报（现日本经济报）创刊，1879 年东京经济杂志社创刊，此地成为日本经济报刊的故乡。最后还要算上兼作涩泽事务所的涩泽荣一邸（图 9-4）。

图 9-4 威尼斯风格的涩泽荣一邸

涩泽邸是日本唯一一座以威尼斯哥特样式建造的住宅。他如果要使兜町成为威尼斯的梦想得以实现，那么房前的运河应该会有世界各地的物资往来。

就这样，各自领域支撑和推动日本新经济的组织全部集中在这一片不大的地区里，并且其中大部分在此创设，这一被遗忘已久的事实在现在看来着实令人瞠目。其中，涩泽担任第一任代表的有第一国立银行（总经理）、王子制纸（创设代表委员）、东京海上（创设代理人）、银行集会所（总经理）、商业会议所（会长）五家机构，加上堂弟涩泽喜作担任调停人的股票交易所、视涩泽荣一为兄长的益田孝创设的三井物产，涩泽在这片街区的产婆角色是毋庸置疑的了。这样一路看来，将广布兜町、南茅场町、坂本町的日本资本主义发源地称为涩泽一手创造的“兜町商业区”也未尝不可。

随着商业区实质上的日渐兴盛，装载它的器具也逐步完善，继1871年铠桥的架设之后，1875年，位于地区入口的木造海运桥改建为石造拱桥，地区格调越发彰显，而1885年架设的兜桥，使这片地区通过海运桥、铠桥、兜桥和周边地区连接起来。

道路的整备也与桥梁的架设同步进行着，而其中最为突出的就是增加电灯设备和电话。

从电灯说起吧。1883年，大仓喜八郎、益田孝等围绕在涩泽荣一周边的集团在与涩泽商业区的近海处灵岸岛富岛町创设了东京电灯公司（现东京电力）。1887年，南茅场町的火力发电所开始发出声响，向兜町输送电力。兜町商业区是日本最初用电照亮街道和建筑的地区，距爱迪生灯泡点亮美国城市那年不过差了四年。由此可见这片街区的世界性。伴随点灯的出现，油灯和汽灯的时代远去，在以往数倍的光亮中，兜町商业区摆脱太阳的自然时间的限制，成为打字机敲打，窗边人影晃动直到深夜的没有时间限制的街区。

电话紧随其后。1885年，涩泽、大仓、益田等人为筹办电话公司积极筹备派人到爱迪生研究所留学，然而随着电话官办的政策出台，他们的准备工作被政府接手。1885年5月，在银行集会所、股票交易所以及蛎壳町米商会所之间的电话试开通，一般电话于10月开通。网络分布在皇居附近的政府机关街区和银座的报社街区，在兜町商业区尤为密集。涩泽荣一的第一声从银行集会所传送至股票交易所。

除了电灯和电话，中央电信局设置在紧邻兜町北侧的四日市町，成为全国电信网络的汇聚点。兜町商业区通过近距离的电话和远距离的电信扩张了空间，更通过电灯实现了时间的延长。可以说是最初应用了电子工程学的街区。

在街区和器具得到完善后，剩下就是建筑了。1870 年、1871 年兜町两次转让之际，三井、小野、岛田很可能是在涩泽的要求下提出“建造西式建筑银行”“共同达成西式建筑样式的协议”，并按照约定，三井和岛田以拟洋风分别建造了三井组住宅(1872 年)和岛田组(1874 年)。就像前文所说，三井组住宅经木匠师傅清水喜助之手建造，而岛田组住宅也统一为同一木匠师傅的拟洋风。这就是兜町商业区最初的面貌，然而这略像怪物的样貌究竟是否是见过巴黎的涩泽喜爱的呢？虽然后来他正面评价道“如今再回头看当时建成的东西，也许会令人捧腹，而在当时确实是我国最新而无与伦比的银行建筑”，但到底还是三野村和岛田的喜好吧。

在这两件作品登场后是一段时间的沉寂，创设的公司或使用旧建筑或简单新建对付了事，没有突出的建筑出现。19 世纪 80 年代后期，街区实力提升，迎来了一阵小的建设热潮。这次轮到涩泽决定样貌了。选择谁做设计师，采用何种样式。当时的建筑界处于维新以来的拟洋风木匠师傅火势渐微，接受大学教育的日本建筑师终于登上舞台的交接期。清水喜助仍然会在一些时候出场，只要对方不是涩泽。这是因为在稍早时候，他们之间围绕建筑风格的喜好产生了一些摩擦。

几年前，我造访了位于东京三田的山丘上归大藏省所有的旧涩泽家纲町邸。本来的目的是西村好时设计的洋楼部分，顺便参观了日式建筑，虽为数寄屋样式却罕见地设有通往二层的楼梯间。主柱和扶手由发红发黑的条状花纹乌木制成，有着粘湿的观感，形态非西式非日式也非中式，个性独特。来到楼上是一间厅堂，正面是雕刻厚重的仿实木壁龛立柱，楣窗是两面图案不同的奇巧雕刻。神代杉的天花板的压条和榻榻米一致地排列而非平行。

这一切引发了我的好奇心，在告辞之后试图追本溯源。从涩泽邸的搬迁资料着手，1869 年去京都时暂时搬到汤岛天神中坂下町，1871 年迁至神田小川町背后的神保小路，1873 年移至兜町第一国立银行背后，但事实上这些都是三井家的房产，涩泽只是房客罢了。

涩泽拥有自宅是在银行步入正轨，从没日没夜的工作中解脱出来之后的事情，他在深川市福住町购置了土地和房屋，并于转年完成改造。1879 年在飞鸟山置办了别邸，1886 年将主宅再次迁往兜町，又在 1900 年迁主宅至飞鸟山并将兜町的住宅作为事务所，1909 年在三田纲町为儿子笃二建造了新宅，将深川邸的一部分移至此处后涩泽也将此处作为主宅使用，其热衷建宅可见一斑。

这样一来，纲町邸是最后一座，日式建筑则是深川邸的遗留构筑物了。锁定目标后，再查找深川邸的记录，在《青渊（涩泽荣一的号）先生六十年史》中写道："深川福住邸为 1877 年 10 月清水喜助所建，使用扁柏及乌木良才，天花板由神代杉及赪桐板材组成，楣窗上的葡萄及柿的雕刻经名匠堀田瑞松之刀，为当代杰作……将德川前征夷大将军庆喜赐书临眺殊复奇五字，制成木刻匾额挂于楼楣……"的文字，而后移至三田纲町。"黑柿良材""神代杉""楣窗的葡萄及柿之雕刻"和现在的样子完全一致，非和非洋的奇特的楼梯间为喜助所作这点也说得通。对于清水的拟洋风作品已无留存的传闻，也算一个小的发现。而涩泽和清水之间的摩擦正是围绕这个楼梯间的设计发生的。事情的原委可在清水喜助的养孙清水钉吉的回想中得知。

"喜助感念平素之恩，殚精竭虑。尤其在通往二层楼梯的主柱柱头上花尽心思，决意饰以狮子，并委托名家雕刻。期望中的石狮终于完成后立刻命二养子清水武治安于主柱上。喜助满怀期待以为子爵（涩泽）会满意。然而事与愿违，子爵十分不悦。武治很是为难，若依照养父的殷切意愿定要安上狮子，必会违背子爵的意思。于是武治向子爵诉苦衷道，'还请收下养父的一番心意。'，然而未能遂意便拿回。而养父喜助也不接受此结果，武治再次到子爵面前诉说养父的期望。但子爵的主意岂是容易改变的，（武治）又一次怀抱狮子失落而归。”

想方设法要塞进拟洋风奇特设计的老将和摇头告饶的年轻资助人往来交涉的光景让人会心一笑，而较量以资助人的胜利告终。现在的楼梯间让人觉得有些冷清大概是因为这个缘故吧。

尽管崇敬老将的执着，涩泽还是决定寻找其他兜町商业区的建筑设计者。1883 年，即将新建银行集会所之时，他委托工部省营缮课长平冈通义介绍真正的建筑师。平冈毫不犹豫地推荐了半年前才从伦敦留学回来，刚刚就任工部省的三十岁青年建筑师。

这就是之后以设计东京站而闻名的辰野金吾的首秀，也是他与终生的资助人的相遇。他从一开始便受到人和工作的眷顾。此时，辰野的同学片山东熊、曾祢达藏及后辈河合浩藏等都聚集在工部省营缮局，从康纳尔大学回国的小岛宪之、法国巴黎中央理工学院出身的山口半六也已经作为建筑师活跃着。但砖石的好项目都被政府委托给外国人，留给日本人的尽是木结构项目，当时就是这样的时代。

辰野尽心竭力，于 1885 年建成了日本第一个独立建造的砖结构建筑。开业仪式以横纲梅之谷的入场开始，到了晚上，电气技师藤冈市助的试作电灯照亮发黄的砖，山县、西乡、松方等参议坐成一排庆祝一组资助人和建筑师的诞生。且不说三角饰上的凤凰，也许楼梯扶手上的七福神的镂空雕刻，就会让涩泽脑中浮现出清水喜助的狮子苦笑吧，但无论帕拉第奥式的整体还是威尼斯风格的门窗，尽管还有一些笨拙稚嫩，却是与此前木结构完全不同世界的设计师的作品。

到日本银行设计开始前的期间里，辰野为后世留下了初期的十三件作品，它们被尊为明治建筑的繁盛景象，而其中的民间项目多达八个，根究它们的委托人，有六个项目都与涩泽荣一有关。也就是说，建筑师辰野金吾是借涩泽之力发迹的。

涩泽为何要资助辰野而不是其他人呢？银行集会所的确是他们相遇

的契机，但也不是只要相遇就一定会成为资助人这么简单。三十四岁的委托人很有可能在三十岁的建筑师身上敏锐地洞察到和自己的梦想呼应的志向吧。

辰野金吾是明治建筑界受人敬重的教皇，又留下了日本银行本店和东京站等大作，容易让人以为是借国家之威过活的反面人物，然而如果仔细而客观地追溯他的一生，就会意外地了解到他不曾摒弃过“建筑师一定要在民间无拘无束地活着”的信念。鲜为人知的是，他于 1886 年从工部大学校引退后，靠着涩泽的项目，和儿时的好友冈田时太郎在银座的经师屋松下胜五郎的二层开设了仅两人的设计事务所。然而，日本最初的设计事务所终难成立，便回到当时创办的工科大学（工部省的工部大学校被文部省的大学南校兼并而成的学校），任教授之职，但在这看似冒失的独立行动的背后，却显示出与《学科选择指南》一致的独立自营精神，“该学科之特色，即可如医学士于民间创业，法学士从事律师般，既不奉职于官场也不受雇于民间而独立经营业务”。在那十六年后，刚过五十岁的辰野突然辞去了工科大学校长的要职，在银座的简易砖造建筑中开设了设计事务所，并再也没有返回官途。因为太过唐突甚至流传出有丑闻的猜测，但无论谁问到理由他都笑而不答，大概是人到了五十岁，对于和前一次丝毫未变的书生气的志向和行动，也有些不好意思吧。

这种民间自营的风尚无疑是在英国工业革命孕育的工部大学校的技术教育中培养起来的，也正和涩泽从工业革命时期自由主义经济中学到的民营精神同根同源。涩泽看中未必能算名家的辰野毫无疑问也是因为这一点。

如果说兜町商业区是正在崛起的以独立自尊的企业家们的居所的话，那么没有比少年辰野更适合这里的人了。东京海上（1887 年）、涩泽荣一邸（1888 年）、明治生命（1891 年）等建筑都被委托给他。兜町商业区最初的面貌由清水喜助以泥绘颜料绘出，而后的相貌则由辰野金吾以油彩描画。样貌以威尼斯哥特样式为特色。在银行集会所和东京海上，这种独特的样式不过是被使用在局部，而在涩泽荣一邸使用得非常彻底。

涩泽邸特地建于兜町显眼的水运十字路的拐角地段，中间游廊和左右露台的威尼斯哥特的身姿倒影在水中（图 9 - 4）。身处露台可眺望往来的驳船，伫立游廊可倾听荡至脚下的微波，转身回到房中，据涩泽秀雄回想，“会客室里，雕花玻璃器皿末端如水母一般垂下的吊灯照映着文明开化的瓦斯灯。向外伸出的凸窗拱形的上部嵌有红、黄、绿、紫的彩色玻璃。在彩色玻璃的内侧，放着三个漩涡状的三人椅。我常常和相差两岁的姐姐斜对而坐。每当这时，窗外射进的阳光就把手背和手腕染成鲜明的红和绿。我记得那是有些阴森的美丽光景。”

这是一座在江户时代以来涂黑的街道和沟渠之中，梦幻般突显的白色建筑。而采用威尼斯哥特式这种在日本难得一见的贸易城市样式是为何呢？

这种形式通常包含三种意思。一种是取威尼斯东方贸易的东西架桥之意，一种是如威尼斯一般的商业之都的愿景，另一种是映在水中的美丽景象。不用说，兜町水中美丽的倒影以及不输威尼斯的国际商业城市一定承载了涩泽的志愿。这样的建筑和城市建设的岁月，无论对于资助人还是建筑师，必定都是收到祝福的时光。

如果它得以延续，一定是……真是令人惋惜，以 19 世纪 80 年代后半段为分水岭，威尼斯之梦开始幻灭。

挫败是筑港计划的失败。当时内务省正筹划称作“市区改正计划”的东京改造项目，涩泽、益田等人的主张得到采纳，决议将横滨的港口移至隅田川河口建造国际贸易港。计划实现之日，位于丸之内的中央车站（现东京站）和隅田川河口国际港的正中间的兜町商业区将兼具地理和商业优势。但是蚕丝商人和外国贸易商死守横滨港，而内务省自身也对涩泽和益田那样将东京定位为商业城市有所迟疑，筑港计划最终夭折。就这样，失去了通往港口的通行证，加之交通潮流开始由水路转向陆路，位于水运十字路口的涩泽商业区日渐衰败。

接下来登场的就是丸之内地区。

这一带在江户时期是有名的大名宅邸区，明治维新后军事设施为应急被设置于此，之后因旧址利用而受到关注，内务省计划将其建为政府机关区，而涩泽等人主张商业地区化，最终决定作为商业地区转让给民间。这是自1870年兜町转让以来，不，是首都中心区的商业用地转让，规模是之前的数倍。既然兜町、南茅场町、坂本町的未来发展已被阻绝，谁也不会怀疑这片以中央车站为中心展开的广大的处女地将成为未来的商业中心。涩泽作为经济领袖，作为建筑和城市建设的资助人，自然为这片地区的开发赌上了一切。

然而，土地这种承载着一切人类活动的基础，是不会轻易被涩泽一人随意使用的，这一点和1870年时是一样的。和当初三井的三野村妨碍兜町开发一样，这次是三菱的当家岩崎弥之助的阻挠。

两家企业提出了转让的请求。一个是以涩泽荣一为首，大仓喜八郎、渡边治右卫门、三井等六人组成的联合军。六人的具体组成虽然不详，但除了涩泽、大仓、渡边、三井，应该还有安田善次郎、益田孝这些每每与涩泽结党之人。另一个是岩崎弥之助代表的三菱。这次到底能不能像兜町时那样，以合本主义的城市建设战胜垄断主义收场呢？

在铜锣敲响之前，有必要简单介绍早些时候三菱与涩泽联盟的对立。双方的矛盾并不是这时才出现，而是早在1880年到1885年这段时间就对兜町商业区展开了残酷的争夺。以南茅场町为据点的三菱当时经营海运，凭借创业者岩崎弥太郎的铁腕几乎掌控了国内的海运，通过操控运输费用牟取巨利。

面对这种情况，不得不将一切货物交托三菱的船的企业家们十分头疼，终于在1881年，以益田孝为首，大仓喜八郎、涩泽喜作、三井武之助、川崎正藏等人联合成立了共同运输公司，意图打破三菱的垄断。虽然没有站到表面上，这支联合军的实际领袖是涩泽荣一。早期参与冲破传统商人三井的垄断，其后又试图打破新兴的三菱的垄断，这正是涩泽的计划。

对于三菱位于兜町商业区南端南茅场町的三菱汽船公司，联合军一方益田的三井物产、涩泽喜作的股票交易所以及支持反三菱派的银行集会所，还有宣称反三菱的中外物价新报（现日本经济新闻）和东京经济杂志全部分布于商业区的北半部，双方的布阵呈兜町商业区南北战争之状。

这场斗争没有止于商业区的内战，三菱得到大隈重信和后藤象二郎的拥护，而联盟方则得到井上馨和品川弥二郎等的支援，和农商务省相关的政治家的介入，再加上两家公司的轮渡开始竞相赠送礼品降低价格，终于发展为众人面前的斗争。

然而，与世人看热闹的兴致越发高昂相反的是，七折、八折这样违法的降价战终于将双方阵营的财力消耗殆尽，1885年，双方各让一步握手言和，决定合并三菱汽船和共同运输成立日本邮船公司。双方股份和董事本应对等，然而实质上主导权却掌握在旧三菱阵营手中。

原因非常简单，三菱在商议合并之事的同时，秘密通过证券交易所搜购共同运输的股份，结果在日本邮船从旧三菱汽船和旧共同运输各集一半股份成立的时候，新公司超过一半的股份却被旧三菱阵营所掌握。垄断购买股票固然是出人意料的奇招，但因涩泽的建议而开设、由喜作担任调停人的证券交易所虽属北军阵营却反被利用直至引狼入室，才是败退的主要原因。涩泽、大仓、益田等为“合本制＝股份公司制”的确立殚精竭虑的人们不知股份制蕴藏的可怕力量，而拒绝合本以岩崎家利益为中心的三菱反而充分利用了股份公司的股份公开原则，不得不说是一个讽刺。

日本邮船成立后，大股东岩崎立刻对以涩泽为首的旧共同运输的董事进行了驱除是不言自明的事。而三菱方面则在日本邮船成立前夕，失去了五年来呕心沥血的创业者弥太郎，可以说是名副其实的两败俱伤了。日本邮政的成立为位于水运十字路的兜町商业区的历史画上了浓重的一笔。

争夺丸之内的转让是在这样一系列事件之后。对涩泽联盟而言，既然兜町、南茅场町、坂本町的未来已然无望，需尽快物色下一个中心街区，而另一方面，三菱虽握有日本邮船的实权但说到底也只是其他公司，既然如今失去了海运这一创业以来的支柱事业，便意图将丸之内的土地经营作为替代它的新事业。尽管如此，33 公顷土地一次转让二百万日元这一高价当时对于双方来说都不是不伤元气就可以拿出的金额。再加上，竞买势必会导致价格增高，这是众所周知的商界惯例。

于是双方阵营决定各退一步，三菱方面派出大掌柜川田小一郎，涩泽联盟派出涩泽等六人出面进行商议，最终确定了以涩泽联盟的名义一次转让后再分给三菱这一共同购买的方针。次日，涩泽和岩崎弥之助进行了会面。此时涩泽自然是以为双方首脑是同意此方针的，但岩崎却将前一天的决议反悔，通告涩泽三菱将以一家公司之财力进行土地转让。涩泽输了。联盟不可能冒着伤元气的巨大风险进行巨额投资。而岩崎则下决心由海转陆，动用所持日本邮船的股份买下丸之内。

1890 年，丸之内一带完成转让，三菱开始建造租赁办公楼，并于 1894 年完成一号馆，接着二号三号也顺利进行，今天的丸之内办公街日渐成型。而与丸之内的兴盛相反，三菱公司自不用说，日本邮船、东京海上、明治生命都从失去地理优势的兜町商业区转移至丸之内，三菱物产也迁往日本桥骏河町，商业会议所也于 1899 年搬至丸之内。就这样，在明治前半期充当新经济摇篮角色的兜町商业区衰退，明治后半期以后丸之内办公楼街区逐渐成长为日本经济的大本营。

如果再对兜町地区的事后处理做些介绍的话，仅存的银行集会所也于 1916 年搬至丸之内的一角，可称作街区之王的第一银行虽然撑到在涩泽荣一担任首席的 1916 年，但在进入下一代首席佐佐木勇之进的时代后便没能坚持下去，关东大地震之后舍兜町而去。

佐佐木曾说，“1933 年大震灾，兜町本店遭受火灾之际，丸之内地区相继建成大公司，虽说第一银行始建于兜町，但土地也有部分是三井的。出于长远利益的考虑，不如和三井商量，在丸之内建立第一银行的话能否出让土地。协议迅速达成，三井出让约 3300 平方米土地用于新建银行。”买方佐佐木是第一银行的继任者，而卖方三菱的弥太郎、弥之助、久弥都在位不长，已经到了岩崎家第四代弥太。他们到底是否知道创业者们对这片土地的特殊感情呢？就这样，可以称为涩泽根据地的银行集会所和第一银行消失于世，然而曾经刻在这里的经济记忆却并没有完全消失。仅存于此的证券交易所在它周围吸引了一批证券公司，成为见证兜町商业区在这片土地上曾经存在过的唯一证人。

那么，取代兜町商业区，独占风头的丸之内办公区楼又是经什么样的建筑师之手装扮的呢？资助人涩泽在土地争夺中失败之后，辰野金吾也失去了出场的机会。在辰野一生留下的近 160 件作品当中没有一件和三菱相关的项目。从这一事实也可以看出建筑项目流程中，项目的决定并不在于建筑师个人。岩崎弥之助为丸之内开发选择的建筑师，是辰野的恩师康德多尔和同窗曾祢达藏的组合。

康多尔因稍早前设计深川的岩崎别邸而被赏识继而被起用。此后在丸之内的发展趋于稳定后，三菱也继续进行了对康多尔的资助，而住宅建筑师康多尔作品中的一多半都与三菱相关，如岩崎家的茅町邸、骏河台邸、高轮邸、汤元别邸、原箱根别邸，赤星、庄田、末延、近藤、今村等掌柜们的宅邸。而曾祢大概也因为和恩师一样恬静的缘故，受到康多尔招呼加入三菱，虽然在参与了办公楼项目之后独立开设了曾祢中条建筑事务所，但和三菱的缘分却延续终生，担当了丸之内大正时期美式办公楼代表东京海上大厦和邮船大厦的设计。就这样，丸之内办公楼街区由康多尔和曾祢达藏设计而成。

大概涩泽和辰野每当经过丸之内鳞次栉比的高楼大厦时都会不禁产生“或许这些都会是经自己之手”的遗憾吧。经济界的掌舵人和建筑界的教皇，都被这片代表明治、大正时期的街区拒之门外。

在这样的大环境下，唯一让辰野没有遗恨的就是获得了丸之内地区入口的东京站的设计项目。幸运的是这座建筑不在三菱的管辖范围内。据说在东京站的设计正式决定的时候，辰野跑进事务所，叫嚷道“诸位安心吧，我们拿下了中央车站的项目！这个月的工资可以发了！”，并像他常做的那样三呼万岁。那时，他心中一定默念：“终于在东京的中心区……”

于 1914 年完成的东京站的确展现出了不逊于丸之内办公楼街区的雄伟外观，甚至有些过头。只是涩荣一却始终未能在三菱垄断的丸之内报仇，眼看自己创建的银行集会所和第一银行在后继人手中向三菱低头并委身于丸之内偏远的北隅却无能为力。

涩泽在明治前半期展现的建筑和城市建设的才干在丸之内败北后潜形匿影。如果他就此失去了这方面的心气倒也未尝不是好事。然而事实并非如此，他的心气丝毫不减，于 1896 年同安田善次郎及渡边洪基等商议创立东京建筑有限公司，着手城市建筑耐燃化重建事业，却不久便失败，又在关东大地震后受东京市长中村是公与辰野金吾的后继者佐野利器之托苦心创设复兴建筑助成有限公司，却也因涩泽未亲自参与经营的原因未能顺利发展，最终在还未用尽涩泽出资的贷款便倒闭。

由此看来，明治的前半期暂且不说，回顾整个明治、大正、昭和初期，若要将涩泽推举为建筑和城市建设资助人的代表也让人有所犹疑。如果将功绩放到秤上，秤杆或许倾向建造了丸之内的岩崎一方。但我仍然认为涩泽身上更具有资助人的实质。

明治以来许多实业家参与建筑和城市建设。例如已经登场的三野村利左卫门、岩崎弥之助、安田善次郎以及浅野总一郎，还有关西地区的小林一三。然而，在我看来这些人们却和涩泽有一些不同之处。它无关是否看过巴黎这种经历，当然也不是有无执行计划的手腕。若管它叫“执念”又多了遗恨的意味而和涩泽的童颜不符，若说是“讲究”又显得被动。对他的意愿最恰当的表述还是“对建筑和城市建设的无比热爱”吧。

无论是与清水喜助就楼梯主柱上安不安狮子展开争持时，还是托辰野金吾建造浪漫得有些过头的威尼斯式兜町邸时，都散发着狂热爱好者才有的独特气息。和在从三井的三野村手中夺取兜町实权的胜利时不带一丝傲意一样，在被岩崎抢夺丸之内的失败时也无悲惨之感，有的只是喜爱昆虫的少年捕到珍稀蝴蝶时的喜悦或是不小心将它放走的懊恼这两者罢了。他的这种纯真不仅存在于建筑和城市建设上，也体现在作为企业家的一切行动中。或许这是天生的资质，又或许是幕府末期的无常变化已将他人格中叫作“自我”的沉渣冲刷而去，总之，他是从不装模作样，率真地从正面面对一切的人。不用说，这于建筑和城市建设也不例外。不论成败，他都是那个资助人。我想他的热爱是发自心底的吧。之所以这般连连称赞，是因为想到了他最后的项目。

涩泽于 1909 年迎来古稀。在此后虽然还剩下二十二年的岁月，但经手的事业中已无亏损，而盈利项目也走上正轨，已经可以功成身退。他首先辞去了多达数十家企业的要职而只隐退于第一银行一家，专注于自己这个创业者才能收场的悬案。那就是解决和创业以来几次试图介入经营的大股东三井之间的纠葛。而在 1916 年将此宿缘了断之后，涩泽终于离开了第一银行。

这个时候，为了报答一生辛劳，两座可爱的建筑被赠予他。一个是来自第一银行全体职员的诚之堂，另一个是来自清水建设的晚香炉。两者都是出自大正时期建筑名家田边淳吉之手的充满透明感的山间小屋式的逸品。

1914年秋，卸下所有重担的七十六岁的荣一在位于飞鸟山的主宅南端的晚香炉的椅子上坐下。在不论天花板的高度还是窗户的位置，所有的一切都按照他的体格比一般的要小一圈的空间里，他像回到洞穴的松鼠一样感到安逸，喜好论语的心悠然自得于以西式为基调同时又包含中国情趣的细节中，他第一次吐着气，而不是吸着气，回顾了他拼命奔走的半生。创建了双手数不过来的企业，在半世纪前还只是空想的叫作资本主义的新经济如今已经成为鲜活的现实。何时离开都没有遗憾了。可以说给幕府末期死于狱中的保皇党同志尾高长七郎以及年仅二十三岁率领振武军在饭能山中和官军战死的继承人平久郎的见闻也都有了。

这样的想法像春天的大海一样沉稳而缓慢地扩散开来，却仍有一处波澜未绝。自己的街区呢，这声音像秋风一样吹动着春天的大海。兜町商业区最终崩塌，反复几次的街区耐燃化也无济于事。东京的何处留有自己的痕迹呢？

是的，我还有未完成的事情。涩泽心中的这一想法正是在这个时候被点亮。是上了年纪的冲动，还是真的充满干劲，连自己也捉摸不透，也不想弄清，这样的心情还是头一次。于是本深居于飞鸟山的老人再次悄悄地来到了城里。只是，以年迈的身体，商业区和工业地带这些城市的骨干建设是不可能了。

涩泽选择的是，在远离城市的地方建一片算盘珠一般大小的街区。

即便不能像听说的英国的田园城市运动那样建造工厂和农园，至少想在田野中建一片居住区，有可以提供日用品的一排商业街和孩子们上的学校这种程度的设施。为了它，就算将剩下的时间和财产全部投入也不可惜（图9-5、图9-6）。

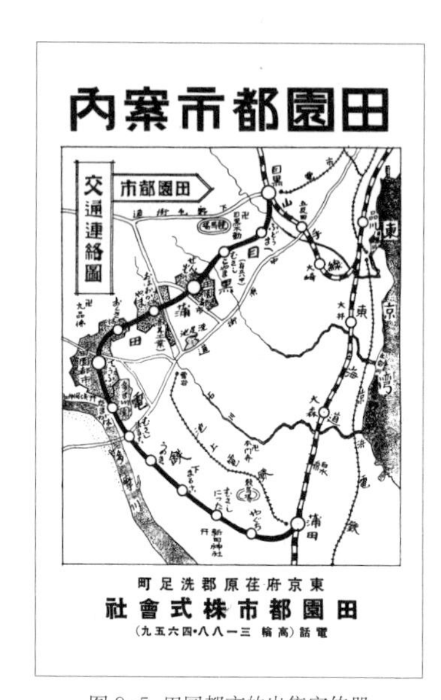

图 9-5 田园都市的出售宣传册

涩泽荣一创立的田园都市公司首先卖出洗足地区，随后卖出了核心田园调布。这本宣传册是 1924 年 10 月的东西。

图 9-6 田园调布仍存活在门牌上

听闻洗足地区的田园都市居民在行政居住示意之外另自称“田园都市”，这张门牌就证明了这个传闻是事实。再造访时房屋已被改建。

于是，作为涩泽荣一最后的事业，今天被称为田园调布的一座城市，在多摩川畔还没有电车、供水和电力的田野之中忽然诞生了（图 9-7 ~ 图 9-9）。

在 1918 年转让开始十年后城市终于成形时，当地举办的青渊先生的欢迎会上，涩泽说了下面的一番话。

“如今回顾，老生从明治维新前几次游历欧洲诸国，观察其大都市，各种商店大都和住宅分离，住宅则大都建于远离城市喧嚣的郊外，早晨来店铺，傍晚回住宅的情形十分普遍。而像我们东京市，则遵照自古以来的习惯将店铺和住宅建为一体，紧要的商业地区被浪费于庭院、厨房等设施，不仅妨碍了各种设施的建设，风纪卫生层面也有不少弊害。我深切感到要改善此情况，需要经济地利用城市用地，同时促进工商业的发展。因此老生感到必须实现这一理想，于大正四、五年（1915 年、

1916年)之际,和两三同志谋划,拟定多摩川沿岸的荏原郡一角为候选地,想着这片地位于东京横滨两都市中间，土地高、干燥而肥沃，富有四望山水之景致，气候宜人，只要予以交通之便，实在是适宜的居住区……在此开展创业事务步入正轨，七年（1918年）九月成立田园都市有限公司。公司创立的经过便是如此，随后倾注全力建造田园城市所需各种设施，即从道路上下供水系统到公园学校等的整备，其中投入最大的即是交通机构，若无交通之便，田园城市几近无用之物，老生也只是首倡者而未亲自经营，今非可列举业绩之立场，如今可称为本公司的姊妹公司的目黑蒲田电铁公司于目黑蒲田之间开通电车，连接田园城市和东京市中心……于是多摩川左岸水清草绿,广袤的五六十万坪(165～198公顷)的田园城市，实在是理想中的世界……实在让老生欣慰无比。”

在涩泽从幕府末期巴黎的经历说起的话语之中，充满了“如今终于建成自己的城市”的自信。与其说是自信，也许说是以年迈之躯将愁嫁的小女儿安排妥当的父亲的安逸更为贴切吧。

刚诞生不久的田园调布的样貌据说和如今相距甚远。没有成为明星和高薪阶层的地位证明的俗气，来这里寻求居所的是工薪阶层、商店店主和公务员们，开创的田园都市公司也如同玩具一样，连涩泽也没有想到也不曾希望它有朝一日会成长为东急联合企业。

这张图登载于1924年10月宣传册上，当时尚无田园调布之名而称为多摩川台。上半部分为住宅专区，下方专门设置商业街，这里是最初实行从一开始便将商业街明确纳入其中的总体规划的地区。

图9-7　美丽的田园调布的总体规划

图 9-8 德国风格的田园调布车站

这里的美景是其他郊外住宅无法比拟的。德国风格的屋顶非常漂亮，以前二层是食堂，人们聚在一起畅谈。

图 9-9 田园调布的武道邸

田园调布里的代表住宅为矮围墙，前庭是草坪，浅色壁画和尖屋顶。可惜进行了改建，曾经以中产阶级为主的街道，如今居住者多是住不起新房，生活有隐情的人。

从企划层面来说，早在七年前的 1911 年的大阪就有阪急电铁的小林一三售出樱井住宅区，随后在东京也有几起类似的案例。像这样，比先驱晚了几步，居住者中也少有有头有脸之人，然而不知为何，这座城市却从诞生之日起就有着超然物外的特性。从实际的功能来说，它不过是寄生于大都会周边的居住区，却莫名展现出自律之风，夸张一点说，就像一个小宇宙一样凝聚而有序。

这其中有很多原因。例如有着高度聚集的放射性平面布局，绿色充盈的林荫道，提倡以绿墙代替石墙，从道路留出足够退让空间执行建筑的绅士协定等，又或者是为了让人们不用出城就可购置日用品，从一开始就在内部建造商业街，诸如此类不过分计较土地经营收支的尝试在赋予城市从容，并给路过的人们留下新鲜的印象上起了很大的作用。并且，居民的街区组织具有的良好凝聚力也唤起了乡村一般小宇宙的记忆。田园调布中的人和物确实显现出区别于其他郊外居住区的新的特性。

这座城市之所以能够抓住人心，一定是因为这一点。而我想那也一定是从首倡者的志向中发散出的东西。田园调布彰显的正是老涩泽的梦想。

在那四年后，建筑和城市建设的资助人离开了人世，留下了始于巴黎，历经兜町，延续至田园调布的始终如一的梦想。

今天，建筑侦探仍追逐着这被留下的梦想的踪迹。我们是……

后记

从1974年结成建筑侦探团至今已有十二年。从干支来说正好是一轮。

说是结成总给人一开始就以结成为目标的感觉，但说实话，最初没有一丁点侦探团这个词蕴含的明朗愉快、充满勇气的、在琉璃色的路上观察活动的意味。不瞒你们，我本来是抱着进行宏大的学术志向开始这一切的。诸位侦探迷们，真是抱歉。

1973年，我在恩师村松贞次郎老师的指导下写成了《明治的西式建筑》这本小书，那时我得知当时关于日本近代建筑史的研究只集中于幕府末期到明治初期这段时期，而在那之后的事情却几乎没有被弄清。那就由我来弄清从明治到昭和二十年之间的整个近代吧，初生牛犊不怕虎的我这样想。尽管现在想来真是汗颜，但就在那冷汗中，“为研究日本近代建筑史的三大项目”这样的大胆妄想涌现出来。关于这妄想，我因为实在不好意思而从未提及，却被搭档堀勇良在《一木先生和〈建筑侦探团〉》《被遗忘的建筑展·一木努藏品》中说了出来，于是只好坦白。而它们由三个计划组成：考察全日本的近代建筑，阅读全部有近代建筑的著作，拜访全部建筑师的遗族。

将这些放在一起重新审视，不仅怀疑当初在这其中有多少是认真的，但总之，项目开启了。1974年1月1日，一本小书得以出版，在四天后，我和堀迈出了“考察全日本的近代建筑”的第一步，开始在东京的街上闲逛，也实在是轻率得不像话。这就是侦探的第一天。

这“考察近代建筑”的项目在村松老师和山口广老师等的指导下发展为日本建筑学会的公有工作，历时六年汇成了《日本近代建筑总览——遗留在各地的明治大正昭和时期建筑》这一成果。就此近代建筑的全部遗产清单得以整理。接下来，稍晚于“考察”的“阅读”项目开始，“拜访”项目也终于启动，在忙于这三个项目的时候不知不觉又迎来了虎年。

回顾发现各个项目都有着相当的完成度，差不多可以在每个列表前放上红玫瑰了。“考察”按照前文提到的《总览》游遍全国，除了滋贺县和神奈川县都已完成，“阅读”也应该在这两三年内交出一份小小的成果吧。“拜访”进展不大，前路漫漫。

这样写出来感觉自己成了伟大的学者似的，连自己都紧张了起来，但其实不尽然如此，在学术的腰间总是像挂着葫芦似的悬着非学术。不，说悬挂不正确，用契合我自己心情的话说，应该是如果在学术的部分花了十分的精力，那必定也有同等十分的无法装进学术容器的另一种快乐流溢出来使我困扰不已。

比如说为了写一篇论文而去看一座西式建筑，首先会有一种将要遇见未知东西的兴奋，之后是以这兴奋的心情眺望入口风景的新鲜感，接着是看到实物时的第一印象，还有遵房主邀请坐进老沙发时的肌肤触感，最后是从相对而坐的房主口中说出的奇闻逸事的趣味性。虽然像这样从早至晚在眼看耳闻触摸之中和建筑度过一天的时间，但能以学术论文的形式从在这全部体验中舀取的部分少之又少，而以五感亲身感知才能体会的兴奋和关于房屋的奇闻都无法用于学术。即便如此，我最初也曾认为“所谓学术就是如此”，但后来眼睛和身体都不再同意这一想法了。我现在才明白过来，但一有机会我就会将这些眼睛和身体的体验在各种杂志上写成充满勇气的建筑侦探记。

筑摩书房的松田哲夫先生读了这些文章后问我，“何不集成书”，因此着手。但“集成”是编辑下的套，最后全面又修改又新写还是花了很长时间。修改时还重新造访建筑，鞋也走坏了不少。

现在想来，日本近代建筑是值得搭上一轮干支和一打鞋子的对象。希望能将这一点多少传达给读者。

藤森照信 1986 年 1 月 5 日

学者的实力

想将热爱的事物讲给别人听是人类的本性，但这其实并不简单。有热情但资质不足，因而没有什么听众，这样的人不是常有吗。这本书首先就让我们清清楚楚地明白了这件事情。也就是说热情和资质远在我们的常识之上。即便是对建筑一无所知的人只要一不留神翻开书就一定会陷入其中。

“这奇怪的行为是怎么回事，这到底是什么？”这样叫嚷着却忍不住继续读下去。还会不时地一下子被卷入从独特的视角理解这个国家的历史、文化、风俗、民俗、人情等的旅途中，即在没有得到准允的情况下便加入了建筑侦探团。而我与作者藤森先生也是在近年因奇特的缘分而迅速相识的。

最一开始这个名字是从和藤森先生一样有趣事物的发现者南伸坊先生那里听说的。传闻所谓的“路上观察学会”成立后，他们组团在街上走动发现奇怪的东西并以此为乐。这实在是傻乎乎的却也了不起的行为。托路上观察学会的福，赤濑川原平先生完成了“托马森理论”，同为会员的荒俣宏先生和杉浦日向子小姐还结了婚。这些成果暂且不说这学会中会长般的存在就是叫藤森照信的人，这让我有了“他一定是个有趣的人”的先入之见。之后，终于在鹿儿岛初次见到本尊。之所以在鹿儿岛是因为当时有一个关于拆除旧鹿儿岛监狱的研讨会，我也被邀请参加。而之所以我会被邀请是因为早些时候我得知了这座建于明治时期的监狱的设计者正是我的祖父。

正如这本书的后记中所写的那样，藤森先生立志“拜访所有建筑师的遗属”因此在和我取得联系后便立即赶赴这里。在那之后事情进展飞速。藤森先生像发现了原以为已经灭绝的原始种族的幸存者一样高兴。后来他在给我的来信中这样说道：当场将祖父亲笔写的资料翻了翻，便嗯嗯，啊啊，原来如此，啊哈哈哈的，好像即刻明白了什么事。随后他迅速讲述了有记载的祖父的事情和监狱建筑的历史，还向我传授了“只要拜访坟墓就能了解关于祖辈的诸多事情”这一侦探的诀窍。它十分奏效，我随后发现了祖父密密麻麻的墓志铭，并开始追寻家族的起源，甚至心血来潮地将藤森先生、西乡隆盛登场的小说在《小说新潮》杂志上连载，这使我踏入了两年也没能走完的迷宫。

在这期间我拜访了藤森先生的住宅，整晚听他讲述。藤森夫人煮了许多院子里现摘的大玉米，藤森先生在讲授前以常人无法想象的专注，一眨眼的功夫便吃完了一根玉米。他健康的白牙给我留下很深的印象。

在那天晚上各种珍贵的话题之中最让我瞠目的就是祖父1892年的英文毕业论文一事，我不禁跪地而拜。这使我见识了不只是富有趣味性的学者的实力。

意外地与藤森先生相识，后遗症竟十分严重。上文提及的“小说”是其一，我还忍不住开启了国内外监狱建筑的巡游。因是祖父设计的，便从外面观望了千叶、长崎和奈良的监狱，在鹿儿岛还进了监狱内部。金泽的监狱尽管被迁至明治村也特地前去看了，只有长崎还未去。祖父曾去海外参观的地方也都一一前往。费城的东部监狱、纽约的兴格监狱和司法大楼旧址、柏林的普伦岑湖监狱、法国的弗雷讷监狱、巴黎的桑特……无法停下。有机会也会去比利时和英国的监狱吧。我变成了只要一到国外的城市就会询问“这里有监狱吗”的奇怪的日本人。

因这本书而变成建筑侦探团员的所有读者恐怕都有后遗症吧。只要读了这本书东京站和皇居都不再和从前一样了。附近的小巷、广告牌、桥梁和檐下一切都不是从前的样貌。它们都是不知何时栖息在近代日本的时间变迁中的神秘生物存在的地方。变成这样之后就再也无法像从前那样走在街上了。前后左右东西南北四处张望像梦游症患者一样地走动。只要有谜一样的角落就会快速走进去，回过神来发现缠绕着车站屋顶梁上的什么东西像在唤着什么似的。藤森先生能为我们负责吗？

山下洋辅

图书在版编目（CIP）数据

建筑侦探的冒险. 东京篇 / (日) 藤森照信著；高寒译. -- 南京：江苏凤凰科学技术出版社, 2018.4
ISBN 978-7-5537-9049-7

Ⅰ. ①建… Ⅱ. ①藤… ②高… Ⅲ. ①古建筑—介绍—东京 Ⅳ. ①TU-093.13

中国版本图书馆CIP数据核字(2018)第040397号

建筑侦探的冒险（东京篇）

著　　者　[日] 藤森照信
译　　者　高　寒
项目策划　凤凰空间／李雁超
责任编辑　刘屹立　赵　研
特约编辑　李雁超
封面设计　贾晓佩

出版发行　江苏凤凰科学技术出版社
出版社地址　南京市湖南路1号A楼，邮编：210009
出版社网址　http: // www.pspress.cn
总　经　销　天津凤凰空间文化传媒有限公司
总经销网址　http: // www.ifengspace.cn
印　　刷　天津市豪迈印务有限公司

开　　本　710 mm×1 000 mm　1／16
印　　张　12.75
字　　数　204 000
版　　次　2018年4月第1版
印　　次　2018年4月第1次印刷

标准书号　ISBN　978－7－5537－9049－7
定　　价　58.00元

图书如有印装质量问题，可随时向销售部调换（电话：022-87893668）。